· 林木种质资源技术规范丛书 ·

丛书编辑委员会主任：郑勇奇 林富荣

(2-5)

侧柏种质资源
描述规范和数据标准

DESCRIPTORS AND DATA STANDARDS
FOR PLATICLADUS GERMPLASM RESOURCES
[PLATICLADUS ORIENTALIS (LINN.) FRANCO]

邢世岩 孙立民 郑勇奇/主编

U0199287

中国林业出版社
China Forestry Publishing House

图书在版编目(CIP)数据

侧柏种质资源描述规范和数据标准／邢世岩，孙立民，郑勇奇主编. —北京：
中国林业出版社，2021.7

ISBN 978-7-5219-1167-1

Ⅰ.①侧… Ⅱ.①邢… ②孙… ③郑… Ⅲ.①侧柏–种质资源–描写–中国
–规范 ②侧柏–种质资源–数据–中国–标准 Ⅳ.①S791.382–65

中国版本图书馆 CIP 数据核字(2021)第 097228 号

中国林业出版社·风景园林分社
责任编辑：张 华

出版发行：中国林业出版社(100009 北京西城区德内大街刘海胡同 7 号)
网 址：http://lycb.forestry.gov.cn
电 话：(010)83143566
印 刷：河北京平诚乾印刷有限公司
版 次：2021 年 9 月第 1 版
印 次：2021 年 9 月第 1 次
开 本：710mm×1000mm 1/16
印 张：6.5
字 数：156 千字
定 价：39.00 元

《侧柏种质资源描述规范和数据标准》编者

主　编　邢世岩　孙立民　郑勇奇

副主编　刘　霞　李际红　王　萱　张宗文

执笔人　邢世岩　孙立民　郑勇奇　刘　霞

　　　　　周继磊　李　影　门晓妍　李纬楠

　　　　　杜秀娟　裴厚传

审稿人　李文英

林木种质资源技术规范丛书

 前 言 PREFACE

　　林木种质资源是林木育种的物质基础，是林业可持续发展和维护生物多样性的重要保障，是国家重要的战略资源。中国林木种质资源种类多、数量大，在国际上占有重要地位，是世界上树种和林木种质资源最丰富的国家之一。

　　我国的林木种质资源收集保存与资源数字化工作始于20世纪80年代，至2018年年底，国家林木种质资源平台已累计完成9万余份林木种质资源的整理和共性描述。与我国林木种质资源的丰富程度相比，林木种质资源相关技术规范依然缺乏，尤其是特征特性描述规范严重滞后，远不能满足我国林木种质资源规范描述和有效管理的需求。林木种质资源的特征特性描述为育种者和资源使用者广泛关注，对林木遗传改良和良种生产具有重要作用。因此，开展林木种质资源技术规范丛书的编撰工作十分必要。

　　林木种质资源技术规范的制定是实现我国林木种质资源工作的标准化、数字化和信息化，实现林木种质资源高效管理的一项重要任务，也是林木种质资源研究和利用的迫切需要。其主要作用是：①规范林木种质资源的收集、整理、保存、鉴定、评价和利用；②评价林木种质资源的遗传多样性和丰富度；③提高林木种质资源整合的效率，实现林木种质资源的共享和高效利用。

　　林木种质资源技术规范丛书是我国首次对林木种质资源相关工

作和重点林木种质资源的描述进行规范，旨在为林木种质资源的调查、收集、编目、整理和保存等工作提供技术依据。

林木种质资源技术规范丛书的编撰出版，是国家林木种质资源平台的重要任务之一，受到科技部平台中心、国家林业和草原局等主管部门指导，并得到中国林业科学研究院和平台参加单位的大力支持，在此谨致诚挚的谢意。

由于本书涉及范围较广，难免有疏漏之处，恳请读者批评指正。

丛书编辑委员会

2018 年 4 月

《侧柏种质资源描述规范和数据标准》

  前 言 PREFACE

　　侧柏是柏科（Cupressaceae）侧柏属（*Platycladus*）多年生常绿木本植物，学名 *Platycladus orientalis*（Linn.）Franco。侧柏起源于中国，是我国柏科植物中分布最广的种，适应较广的气候条件和土壤条件，我国大部分省（自治区、直辖市）均有分布，分布范围北至内蒙古南部、吉林、辽宁，西至陕西、甘肃、四川、云南、西藏，南至广东、广西北部，种质资源极为丰富。在长期的生态适应过程及自然选择的作用下，侧柏产生了广泛的遗传变异，种内具有丰富的遗传多样性，形成了形态、生理各异的不同种源，产生了大量的优良珍稀类型。

　　侧柏是我国栽培历史悠久的树种之一。早自殷代起，即植柏以志纪念《论文》云："殷人以柏"。《春秋》曰："天子坟三初，树以松，诸侯半之，树以柏"。至今仍有在寺院、庙堂、坟茔栽柏的习惯。

　　侧柏具有重要的生态、经济和社会效益。因其耐干旱瘠薄、抗病虫、寿命长、适应性强，是我国华北石质山地、西北黄土高原以及华东、华中部分地区瘠薄山地重要的造林绿化树种。多年实践证明，侧柏以其适生范围广、保水能力强、绿化美化效果好等特点，显示出其巨大的绿化潜力。侧柏木材颜色美丽、纹理细致，材质坚韧、平滑光泽，含树脂和芳香油，防蛀耐朽，是房屋建筑、桥梁、家具、农具、车船、细木工、雕刻文具等上等用材。侧柏叶、种仁和根皮具有良好的药用价值。

　　侧柏种质资源是侧柏物种多样性保护、新品种选育和农业生产活动的重要物质基础。国家林木种质资源平台建立了侧柏种质资源共享平台，有效避免了我国侧柏种质资源的流失风险，挖掘了一批特异和优良新种质。种质资源标准规范是国家自然科技资源共享平台建设的基础，侧柏种质资源描述规范和数据标准的制定是国家林木种质资源平台建设的重要内容。制定统一的侧柏种质资源规范标准，有利于整合全国侧柏种质资源，规范侧柏种质资源的收集、整理和保存等基础性工作，创造良好的资源和信息共享环境和条件；有利于侧柏种质资源的保护、利用和创新，促进全国侧柏种质资源的有序和快速发展。

　　侧柏种质资源描述规范规定了侧柏种质资源的描述符及其规范标准，以便对侧柏种质资源进行标准化整理和数字化表达。侧柏种质资源数据标准规定了侧柏种质资源各描述符的字段名称、类型、长度、小数位、代码等，以便建立统一、规范的侧柏种质资源数据库。侧柏种质资源数据质量控制规范规定了侧柏种质资源数据采集全过程中的质量控制内容和质量控制方法，以保证数据的系统性、可比性和可靠性。

编　者

2020 年 12 月

目 录 CONTENTS

林木种质资源技术规范丛书前言

《侧柏种质资源描述规范和数据标准》前言

侧柏种质资源描述规范和数据标准制定的原则和方法

1 侧柏种质资源描述规范制定的原则和方法

1.1 原则

1.1.1 优先采用现有数据库中的描述符和描述标准。

1.1.2 以种质资源研究为主，兼顾生产与市场需要。

1.1.3 立足于中国现有基础，考虑将来的发展，尽量与国际接轨。

1.2 方法和要求

1.2.1 描述符类别分为 6 类。

    1 基本信息

    2 形态特征和生物学特性

    3 品质特性

    4 抗逆性

    5 抗病虫性

    6 其他特征特性

1.2.2 描述符代号由描述符类别加两位顺序号组成，如"110""208" "501"等。

1.2.3 描述符性质分为 3 类。

    M 必选描述符(所有种质必须鉴定评价的描述符)

    O 可选描述符(可选择鉴定评价的描述符)

    C 条件描述符(只对特定种质进行鉴定评价的描述符)

1.2.4 描述符的代码应是有序的，如数量性状从细到粗、从低到高、从小到大、从少到多、从弱到强、从差到好排列，颜色从浅到深，抗性从强到弱等。

1.2.5　每个描述符应有一个基本的定义或说明。数量性状标明单位，质量性状应有评价标准和等级划分。

1.2.6　植物学形态描述符一般附模式图。

1.2.7　重要数量性状以数值表示。

2　侧柏种质资源数据标准制定的原则和方法

2.1　原则

2.1.1　数据标准中的描述符与描述规范相一致。

2.1.2　数据标准优先考虑现有数据库中的数据标准。

2.2　方法和要求

2.2.1　数据标准中的代号与描述规范中的代号一致。

2.2.2　字段名最长 12 位。

2.2.3　字段类型分字符型（C）、数值型（N）和日期型（D）。日期型的格式为 YYYYMMDD。

2.2.4　经度的类型为 N，格式为 DDDFFSS；纬度的类型为 N，格式为 DDFF，其中 D 为（°），F 为（′），S 为（″）；东经以正数表示，西经以负数表示；北纬以正数表示，南纬以负数表示。如"1213625""−392130"。

3　侧柏种质资源数据质量控制规范制定的原则和方法

3.1.1　采集的数据应具有系统性、可比性和可靠性。

3.1.2　数据质量控制以过程控制为主，兼顾结果控制。

3.1.3　数据质量控制方法具有可操作性。

3.1.4　鉴定评价方法以现行国家标准和行业标准为首选依据；如无国家标准和行业标准，则以国际标准或国内比较公认的先进方法为依据。

3.1.5　每个描述符的质量控制应包括田间设计，样本数或群体大小，时间或时期，取样数和取样方法，计量单位、精度和允许误差，采用的鉴定评价规范和标准，采用的仪器设备，性状的观测和等级划分方法，数据校验和数据分析。

侧柏种质资源描述简表

序号	代号	描述符	描述符性质	单位或代码
1	101	资源流水号	M	
2	102	资源编号	M	
3	103	种质名称	M	
4	104	种质外文名	O	
5	105	科中文名	M	
6	106	科拉丁名	M	
7	107	属中文名	M	
8	108	属拉丁名	M	
9	109	种中文名	M	
10	110	种拉丁名	M	
11	111	原产地	M	
12	112	省(自治区、直辖市)	M	
13	113	原产国家	M	
14	114	来源地	M	
15	115	归类编码	O	
16	116	资源类型	M	1：野生资源(群体、种源)　2：野生资源(家系) 3：野生资源(个体、基因型)　4：地方品种 5：选育品种　6：遗传材料　7：其他
17	117	主要特性	M	1：高产　2：优质　3：抗病　4：抗虫　5：抗逆 6：高效　7：其他
18	118	主要用途	M	1：材用　2：药用　3：防护　4：观赏　5：其他
19	119	气候带	M	1：热带　2：亚热带　3：温带　4：寒温带 5：寒带

（续）

序号	代号	描述符	描述符性质	单位或代码
20	120	生长习性	M	1：喜光　2：耐盐碱　3：喜水肥　4：耐干旱
21	121	开花结实特性	M	
22	122	特征特性	M	
23	123	具体用途	M	
24	124	观测地点	M	
25	125	繁殖方式	M	1：有性繁殖（种子繁殖）　2：无性繁殖（扦插繁殖） 3：无性繁殖（嫁接繁殖）
26	126	选育（采育）单位	C	
27	127	育成年份	C	
28	128	海拔	M	m
29	129	经度	M	
30	130	纬度	M	
31	131	土壤类型	O	
32	132	生态环境	O	
33	133	年均温度	O	℃
34	134	年均降水量	O	mm
35	135	图像	M	
36	136	记录地址	O	
37	137	保存单位	M	
38	138	单位编号	M	
39	139	库编号	O	
40	140	引种号	O	
41	141	采集号	O	
42	142	保存时间	M	YYYYMMDD
43	143	保存材料类型	M	1：植株　2：种子　3：营养器官（穗条、根穗等） 4：花粉　5：培养物（组培材料）　6：其他
44	144	保存方式	M	1：原地保存　2：异地保存　3：设施（低温库） 保存
45	145	实物状态	M	1：良好　2：中等　3：较差　4：缺失
46	146	共享方式	M	1：公益性　2：公益借用　3：合作研究　4：知识 产权交易　5：资源纯交易　6：资源租赁　7：资源 交换　8：收藏地共享　9：行政许可　10：不共享
47	147	获取途径	M	1：邮递　2：现场获取　3：网上订购　4：其他

(续)

序号	代号	描述符	描述符性质	单位或代码
48	148	联系方式	M	
49	149	源数据主键	O	
50	150	关联项目及编号	M	
51	201	树体高矮	M	1：矮小 2：中等 3：高大
52	202	树姿	M	1：直立 2：开张 3：下垂
53	203	树形	M	1：圆柱形 2：笔形 3：塔形 4：圆锥形 5：卵形 6：圆头形
54	204	树冠疏密度	O	1：稀 2：中 3：密
55	205	干形	M	1：单干 2：双干 3：多干
56	206	主干通直度	O	1：通直 2：扭曲
57	207	主干色泽	M	1：暗褐 2：灰褐 3：灰色
58	208	树皮开裂	O	1：窄长条垂直纵裂 2：窄长条扭曲纵裂 3：窄长条剥落
59	209	树皮厚度	O	mm
60	210	古树树瘤	O	1：有 2：无
61	211	枝条形状	M	1：扁 2：圆
62	212	枝条疏密度	O	1：稀 2：中 3：密
63	213	小枝生长方向	O	1：直立 2：半直立 3：水平 4：下垂 5：扭曲
64	214	小枝节间长度	O	cm
65	215	叶形	M	1：鳞形叶 2：刺叶
66	216	小枝中间叶形状	O	1：楔状三角形 2：倒卵状菱形 3：斜方形
67	217	叶片背面腺点	O	1：有 2：无
68	218	腺点形状	O	1：纵脊状 2：圆形
69	219	夏季叶色	O	1：绿色 2：黄色 3：黄绿色 4：深绿色
70	220	冬季叶色	O	1：绿色 2：深绿色 3：黄色 4：褐色
71	221	新叶颜色	O	1：翠绿色 2：黄绿色 3：绿色
72	222	当年生枝彩斑	O	1：有 2：无
73	223	当年生枝彩斑着生特点	O	1：顶部着生 2：内侧着生 3：分散着生
74	224	叶片质地	O	1：软 2：中 3：硬
75	225	叶粉	O	1：有 2：无
76	226	性别	M	1：雄株型 2：雌株型 3：雌雄同株
77	227	雄花数量	M	个

(续)

序号	代号	描述符	描述符性质	单位或代码
78	228	雄花物候期	O	1：早 2：中 3：晚
79	229	花粉育性	O	1：败育 2：可育
80	230	花粉发芽率	M	%
81	231	雌花数量	M	个
82	232	雌花物候期	O	1：早 2：中 3：晚
83	233	雌花胚珠数	O	1：3个 2：4个 3：5个 4：6个 5：7个 6：8个 7：9个 8：10个
84	234	雌花珠鳞数	O	1：2对 2：3对 3：4对
85	235	是否雌雄异熟	O	1：雌雄花同时成熟 2：雌花先成熟 3：雄花先成熟
86	236	结果枝粗度	O	cm
87	237	连续结果能力	O	1：弱 2：中 3：强
88	238	坐果率	M	%
89	239	结实率	O	%
90	240	实生早果性	O	1：早 2：晚
91	241	丰产性	M	1：低 2：中 3：高
92	242	萌芽期	M	月 日
93	243	雄花初开期	M	月 日
94	244	雄花盛开期	O	月 日
95	245	雌花初开期	M	月 日
96	246	雌花盛开期	O	月 日
97	247	球果成熟期	M	月 日
98	248	球果发育期	O	天
99	249	球果脱落期	O	月 日
100	250	球果形状	M	1：圆球形 2：纺锤形 3：卵圆形
101	251	球果基部形状	M	1：平广 2：凸起 3：凹入
102	252	球果开裂程度	O	1：微裂 2：半开裂 3：完全开裂
103	253	种鳞形状	O	1：卷曲 2：直立 3：平广
104	254	种鳞个数	M	1：2对 2：3对 3：4对
105	255	球果内种子数	M	1：3个 2：4个 3：5个 4：6个 5：7个 6：8个 7：9个 8：10个
106	256	成熟前球果颜色	O	1：绿色 2：蓝绿色
107	257	成熟时球果颜色	O	1：棕色 2：赤褐色 3：褐色 4：暗褐

（续）

序号	代号	描述符	描述符性质	单位或代码
108	258	成熟球果脱落时期	O	1：早 2：中 3：晚
109	259	果粉	O	1：薄 2：中 3：厚
110	260	球果长	M	cm
111	261	球果宽	M	cm
112	262	球果厚	M	cm
113	263	单果重	M	g
114	264	单株球果重量	O	g
115	265	球果成熟时期	O	1：早 2：中 3：晚
116	266	球果成熟后脱落特性	O	1：立即脱落 2：逐渐脱落 3：长期不脱落
117	267	球果分布位置	O	1：上部 2：中上部 3：上中下部
118	268	球果与树体连接程度	O	1：易分离 2：较易分离 3：不易分离
119	269	种子形状	M	1：卵圆形 2：椭圆形 3：长卵圆形 4：阔卵圆形 5：纺锤形 6：长圆形
120	270	种子长	M	mm
121	271	种子宽	M	mm
122	272	种子厚	M	mm
123	273	种子重	M	g
124	274	种子光洁度	O	1：光洁美观 2：较光洁 3：粗糙
125	275	种子颜色	M	1：黑色 2：褐色
126	276	种子顶端形状	M	1：圆钝 2：平广 3：微尖 4：尖
127	277	种子基部形状	M	1：平广 2：狭窄
128	278	种子棱脊	M	1：无棱脊 2：少有棱脊 3：棱脊明显
129	279	种子是否有翅	M	1：无翅 2：有极窄之翅
130	280	优良种子	M	%
131	281	种子千粒重	M	g
132	282	种子脱落特性	O	1：一次性脱落 2：两次脱落 3：多次脱落
133	283	种子和球果脱落方式	O	1：球果脱落 2：种子脱落 3：球果种子同时脱落
134	301	种子颜色均匀度	M	1：差 2：中 3：好
135	302	种子均匀度	M	1：差 2：中 3：好
136	303	叶子挥发油含量	M	%
137	304	侧柏酸含量	M	mg/L
138	305	种子淀粉含量	M	%

（续）

序号	代号	描述符	描述符性质	单位或代码
139	306	种子脂肪含量	M	%
140	307	种蛋白质含量	M	%
141	308	侧柏木材横纹弦向抗压强度	M	1：强　2：中　3：差
142	309	侧柏木材顺纹抗压强度	M	1：强　2：中　3：差
143	310	侧柏木材体积全干缩率	M	1：大　2：中　3：小
144	311	侧柏木材纤维素含量	M	%
145	401	抗旱性	O	1：强　2：中　3：弱
146	402	耐涝性	O	1：强　2：中　3：弱
147	403	抗寒性	O	1：强　2：中　3：弱
148	404	抗晚霜能力	M	1：强　2：中　3：弱
149	501	毒蛾抗性	O	1：高抗　2：抗　3：中抗　4：感　5：高感
150	502	柏双条杉天牛抗性	O	1：高抗　2：抗　3：中抗　4：感　5：高感
151	503	侧柏立枯病抗性	O	1：高抗　2：抗　3：中抗　4：感　5：高感
152	601	指纹图谱与分子标记	O	
153	602	备注	O	

侧柏种质资源描述规范

1 范围

本规范规定了侧柏种质资源的描述符及其分级标准。

本规范适用于侧柏种质资源的收集、整理和保存，数据标准和数据质量控制规范的制定，以及数据库和信息共享网络系统的建立。

2 规范性引用文件

下列文件中的条款通过本规范的引用而成为本规范的条款。凡是注日期的引用文件，其随后所有的修改单（不包括勘误的内容）或修订版均不适用于本规范，然而，鼓励根据本规范达成协议的各方研究是否可使用这些文件的最新版本。凡是不注日期的引用文件，其最新版本适用于本规范。

ISO 3166　Codes for the Representation of Names of Countries

GB/T 2659　世界各国和地区名称代码

GB/T 2260　中华人民共和国行政区划代码

GB/T 12404　单位隶属关系代码

GB/T 4407　经济作物种子

GB/T 7415　主要农作物种子贮藏

GB/T 3543　农作物种子检验规程

GB/T 10220　感官分析方法总论

GB/T 14072　林木种质资源保存原则与方法

3 术语和定义

3.1 侧柏

侧柏属柏科（Cupressaceae）侧柏属（*Platycladus* Spach）常绿乔木植物，学名 *Platycladus orientalis*（Linn.）Franco，别名扁柏、香柏、片柏，染色体数 x = 11，具有独特的食用、药用、材用、观赏、绿化、防护及科研价值。

3.2 侧柏种质资源

侧柏种、变种、品种群、品系、品种等。

3.3 基本信息

侧柏种质资源基本情况描述信息，包括资源编号、种质名称、学名、原产地、种质类型等。

3.4 形态特征和生物学特性

侧柏种质资源的植物学形态、产量和物候期等特征特性。

3.5 品质特性

侧柏种质资源的商品品质、感官品质和营养品质性状。商品品质性状包括球果大小、种子颜色均匀度、种子均匀度等；感官品质包括种仁品质、风味等；营养品质性状包括种仁脂肪和蛋白质含量等。

3.6 抗逆性

侧柏种质资源对各种非生物胁迫的适应或抵抗能力，包括抗旱性、耐涝性、抗寒性等。

3.7 抗病虫性

侧柏种质资源对各种生物胁迫的适应或抵抗能力，包括叶枯病、叶凋病、毒蛾、柏蚜等。

3.8 侧柏的发育年周期

侧柏在一年中随外界环境条件的变化而出现一系列的生理和形态变化，并呈现一定的生长发育规律性。这种随气候而变化的生命活动过程，称为发育年周期，可分为营养生长期和休眠期两个阶段。营养生长期包括发芽期、展叶期、雌花盛开期、雄花盛开期和球果成熟期等。有 5% 的芽萌发，并开始露出幼叶为发芽期。5% 的幼叶展开为展叶期。珠鳞开裂、胚珠刚刚开始初现为雌花盛开期。50% 的雄花序萼片开裂、中部和下部开始散粉为雄花盛开期。30% 的种鳞变褐色为球果成熟期。

3.9 种子营养品质分析

平均每百克种子干样中脂肪、蛋白质、碳水化合物的含量。

4 基本信息

4.1 资源流水号

侧柏种质资源进入数据库自动生成的编号。

4.2 资源编号

侧柏种质资源的全国统一编号。由 15 位符号组成,即树种代码(5 位) + 保存地代码(6 位)+顺序号(4 位)组成。

树种代码:由树种拉丁名的属前 2 个字母+种名的前 3 个字母组成,侧柏代码 PLORI;

保存地代码:指资源保存地所在县级行政区域的代码,按照 GB/T 2260 的规定执行;

顺序号:该类资源在保存库中的顺序号。

4.3 种质名称

侧柏种质的中文名称。

4.4 种质外文名

国外引进侧柏种质的外文名,国内种质资源不填写。

4.5 科中文名

柏科

4.6 科拉丁名

Cupressaceae

4.7 属中文名

侧柏属

4.8 属拉丁名

Platycladus

4.9 种名或亚种名

侧柏

4.10 种拉丁名

Platycladus orientalis(Linn.)Franco

4.11 原产地

中国侧柏种质的原产县、乡、村、林场名称。依照 GB/T 2260-2007 的要求,填写原产县、自治县、县级市、市辖区、旗、自治旗、林区的名称以及具体的乡、村、林场等名称。

4.12 省(自治区、直辖市)

中国侧柏种质的原产省(自治区、直辖市)名称,依照 GB/T 2260-2007

的要求，填写原产省(自治区、直辖市)的名称；国外引进种质的原产国家(或地区)一级行政区的名称。

4.13 原产国家

侧柏种质资源的原产国家或地区的名称，依照 GB/T 2259-2000 中的规范名称填写。

4.14 来源地

国外引进的侧柏种质资源的来源国家名称、地区名称；国内侧柏种质资源的来源省、县名称。

4.15 归类编码

采用国家自然科技资源共享平台编制的《自然科技资源共性描述规范》(中国科学技术出版社，2006)，依据其中"植物种质资源分级归类与编码表"中林木部分进行编码(11 位)。侧柏的归类编码是 1131111163。

4.16 资源类型

侧柏种质资源的类型。

    1 野生资源(群体、种源)
    2 野生资源(家系)
    3 野生资源(个体、基因型)
    4 地方品种
    5 选育品种
    6 遗传材料
    7 其他

4.17 主要特性

侧柏种质资源的主要特性。

    1 高产
    2 优质
    3 抗病
    4 抗虫
    5 抗逆
    6 高效
    7 其他

4.18 主要用途

侧柏种质资源的主要用途

    1 材用
    2 药用

3 防护

4 观赏

5 其他

4.19 气候带

侧柏种质资源原产地所属气候带。

1 热带

2 亚热带

3 温带

4 寒温带

5 寒带

4.20 生长习性

描述侧柏在长期自然选择中表现的生长、适应或喜好。

1 喜光

2 耐盐碱

3 喜水肥

4 耐干旱

4.21 开花结实特性

侧柏种质资源的开花和结实周期。

4.22 特征特性

侧柏种质资源可识别或独特性的形态、特征。

4.23 具体用途

侧柏种质资源具有的特殊价值和用途。

4.24 观测地点

侧柏种质资源形态、特征观测和测定的地点。

4.25 繁殖方式

侧柏种质资源的繁殖方式。

1 有性繁殖(种子繁殖)

2 无性繁殖(扦插繁殖)

3 无性繁殖(嫁接繁殖)

4.26 选育(采集)单位

选育侧柏品种的单位或个人(侧柏的采集单位或个人)。

4.27 育成年份

侧柏品种育成的年份。

4.28 海拔

侧柏种质原产地的海拔高度,单位为 m。

4.29 经度

侧柏种质原产地的经度，格式为 DDDFFMM，其中 D 为度，F 为分，M 为秒。东经以正数表示，西经以负数表示。

4.30 纬度

侧柏种质原产地的纬度，格式为 DDFFMM，其中 D 为度，F 为分，M 为秒。北纬以正数表示，南纬以负数表示。

4.31 土壤类型

侧柏种质资源原产地的土壤条件，包括土壤质地、土壤名称、土壤酸碱度或性质等。

4.32 生态环境

侧柏种质资源原产地的自然生态系统类型。

4.33 年均温度

侧柏种质资源原产地的年均温度，通常用当地最近气象台的近 30～50 年的年均温度，单位为℃。

4.34 年均降水量

侧柏种质资源原产地的年均降水量，通常用当地最近气象台的近 30～50 年的年均降水量，单位为 mm。

4.35 图像

侧柏种质资源的图像信息，图像格式为 .jpg。

4.36 记录地址

提供侧柏种质资源详细信息的网址或数据库记录链接。

4.37 保存单位

侧柏种质资源的保存单位名称(全称)。

4.38 单位编号

侧柏种质资源在保存单位中的编号。

4.39 库编号

侧柏种质资源在种质资源库或圃中的编号。

4.40 引种号

侧柏种质资源从国外引入时的编号。

4.41 采集号

侧柏种质资源在野外采集时的编号。

4.42 保存时间

侧柏种质资源被收藏或保存的时间，以"年月日"表示，格式为"YYYYM-MDD"。

4.43　保存材料类型

保存的侧柏种质材料的类型。

　　1　植株

　　2　种子

　　3　营养器官(穗条、根穗等)

　　4　花粉

　　5　培养物(组培材料)

　　6　其他

4.44　保存方式

侧柏种质资源保存的方式。

　　1　原地保存

　　2　异地保存

　　3　设施(低温库)保存

4.45　实物状态

侧柏种质资源实物的状态。

　　1　良好

　　2　中等

　　3　较差

　　4　缺失

4.46　共享方式

侧柏种质资源实物的共享方式。

　　1　公益性

　　2　公益借用

　　3　合作研究

　　4　知识产权交易

　　5　资源纯交易

　　6　资源租赁

　　7　资源交换

　　8　收藏地共享

　　9　行政许可

　　10　不共享

4.47　获取途径

获取侧柏种质资源实物的途径

　　1　邮递

    2 现场获取

    3 网上订购

    4 其他

4.48　联系方式

获取侧柏种质资源的联系方式。包括联系人、单位、邮编、电话、E-mail 等。

4.49　源数据主键

链接侧柏种质资源特征或详细信息的主键值。

4.50　关联项目及编号

侧柏种质资源收集、选育或整合的依托项目及编号。

5　形态特征和生物学特性

5.1　树体高矮

侧柏成龄树(指进入盛果期的树,下同)地上部分的高度(图1)。

    1 矮小

    2 中等

    3 高大

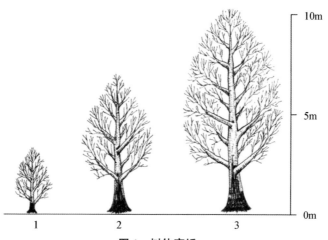

图1　树体高矮

5.2　树姿

未整形修剪成龄侧柏树枝、干的角度大小(图2)。

    1 直立

    2 开张

    3 下垂

1   2   3

图 2   树姿

5.3   树形

未整形修剪成龄侧柏的树冠外形(图 3)。

1   圆柱形

2   笔形

3   塔形

4   圆锥形

5   卵形

6   圆头形

1   2   3

4   5   6

图 3   树形

5.4 树冠疏密度

侧柏树冠的疏密程度。

　　　1　稀

　　　2　中

　　　3　密

5.5 干形

成龄侧柏植株的干形(图4)。

　　　1　单干

　　　2　双干

　　　3　多干

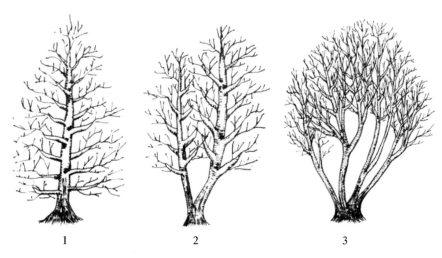

　　　　1　　　　　　　　　　2　　　　　　　　　　3

图4　干形

5.6 主干通直度

成龄侧柏植株主干的通直度(图5)。

　　　1　通直

　　　2　扭曲

5.7 主干色泽

侧柏树干表皮的颜色。

　　　1　暗褐

　　　2　灰褐

　　　3　灰色

1   2

图5　主干通直度

5.8　树皮开裂

成龄侧柏主干表皮以外枯死组织的开裂状况。

　　　　1　窄长条垂直纵裂

　　　　2　窄长条扭曲纵裂

　　　　3　窄长条剥落

5.9　树皮厚度

成龄侧柏主干表皮以外枯死组织的厚度，单位mm。

5.10　古树树瘤

侧柏古树树瘤的生长情况。

　　　　1　有

　　　　2　无

5.11　枝条形状

成龄侧柏植株枝条的性状(图6)。

　　　　1　扁

　　　　2　圆

5.12　枝条疏密度

成龄侧柏植株自然状态下枝条的疏密度(图7)。

　　　　1　稀

　　　　2　中

　　　　3　密

1   2

图 6   枝条形态

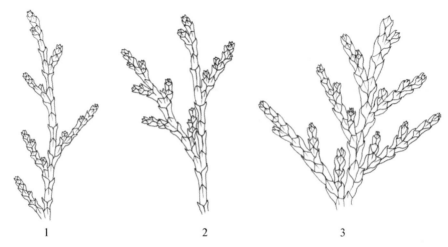

1   2   3

图 7   枝条疏密度

5.13   小枝生长方向

侧柏一年生枝小枝的生长方向。

1   直立

2   半直立

3   水平

4   下垂

5   扭曲

5.14   小枝节间长度

侧柏一年生枝节间长度(图 8),单位 cm。

1   短

2   中

3   长

1　　　　　　　　　　2　　　　　　　　　　3

图8　小枝节间长度

5.15　叶形

　　侧柏叶片的形状(图9)。

　　　　1　鳞形叶

　　　　2　刺叶

1　　　　　　　　　　　　　　2

图9　叶形

5.16　小枝中间叶形状

　　侧柏一年生枝中间叶形状(图10)。

　　　　1　楔状三角形

　　　　2　倒卵状菱形

　　　　3　斜方形

1　　　　　　　　　2　　　　　　　　　3

图10　小枝中间叶

5.17 叶片背面腺点

成龄侧柏叶片背面腺点的生长情况。

    1 有

    2 无

5.18 腺点形状

成龄侧柏叶片背面腺点的形状(图11)。

    1 纵脊状

    2 圆形

1   2

图 11 腺点形状

5.19 夏季叶色

侧柏叶片夏季的主要颜色。

    1 绿色

    2 黄色

    3 黄绿色

    4 深绿色

5.20 冬季叶色

侧柏叶片冬季的主要颜色。

    1 绿色

    2 深绿色

    3 黄色

    4 褐色

5.21 新叶颜色

侧柏新生叶片的颜色。

    1 翠绿色

    2 黄绿色

    3 绿色

5.22 当年生枝彩斑

侧柏当年生枝彩斑的生长情况。

  1 有

  2 无

5.23 当年生枝彩斑着生特点

出现彩斑现象的侧柏，彩斑的着生特点。

  1 顶部着生

  2 内侧着生

  3 分散着生

5.24 叶片质地

侧柏叶片的质地。

  1 软

  2 中

  3 硬

5.25 叶粉

侧柏叶片表面是否覆盖白粉。

  1 有

  2 无

5.26 性别

侧柏的性别。

  1 雄株型

  2 雌株型

  3 雌雄同株型

5.27 雄花数量

侧柏每个结果新梢上的雄花数量，单位为个。

5.28 雄花物候期

侧柏雄花物候期。

  1 早

  2 中

  3 晚

5.29 花粉育性

雄花器的发育状况，能否完成授粉受精的能力。

  1 败育

  2 可育

5.30 花粉发芽率

发芽花粉粒占供试花粉粒的百分比，通过常规花粉发芽测定获取。以百分号(%)表示。

5.31 雌花数量

侧柏每个结果新梢上的雌花数量，单位为个。

5.32 雌花物候期

侧柏雌花物候期。

    1 早

    2 中

    3 晚

5.33 雌花胚珠数

侧柏正常胚珠的数目，单位为个。

    1 3个

    2 4个

    3 5个

    4 6个

    5 7个

    6 8个

    7 9个

    8 10个

5.34 雌花珠鳞数

侧柏正常珠鳞的数目，单位为对。

    1 2对

    2 3对

    3 4对

5.35 是否雌雄异熟

雌花、雄花是否异期发育成熟。

    1 雌雄花同时成熟

    2 雌花先成熟

    3 雄花先成熟

5.36 结果枝粗度

侧柏成龄树正常枝中部的粗度，单位为 cm。

5.37 连续结果能力

侧柏成龄树的正常小枝连续 2 年以上结果能力。

  1 弱

  2 中

  3 强

5.38 坐果率

  侧柏成龄树单株或单枝坐果数占雌花总数的百分比,以百分数(%)表示。

5.39 结实率

  单株结果枝数占总枝数百分比,以百分数(%)表示。

5.40 实生早果性

  实生树结果的早晚。

  1 早

  2 晚

5.41 丰产性

  成龄树每平方米树冠投影面积收获的球果的重量(g/m^2)。

  1 低

  2 中

  3 高

5.42 萌芽期

  树冠外围短枝有5%的顶芽萌动并开始露出幼叶的日期,以"某月某日"表示。

5.43 雄花初开期

  雄花序萼片刚刚开裂的日期,以"某月某日"表示。

5.44 雄花盛开期

  50%的雄花序萼片开裂、中部和下部开始散粉的日期,以"某月某日"表示。

5.45 雌花初开期

  苞片开裂、胚珠刚刚开始初现的日期,以"某月某日"表示。

5.46 雌花盛开期

  50%的胚珠珠孔出现传粉滴的日期,以"某月某日"表示。

5.47 球果成熟期

  全树有30%的球果颜色变褐,种子发育达到固有形状、质地和营养物质含量不再变化的日期,以"某月某日"表示。

5.48 球果发育期

  从盛花到球果成熟所经历的天数,单位为天。

5.49 球果脱落期

  侧柏球果变褐、开裂、脱落的日期,以"某月某日"表示。

5.50 球果形状

球果完全成熟后未开裂前的形状(图12)。

1 纺锤形

2 卵圆形

3 圆球形

图 12 球果形状

5.51 球果基部形状

球果基部的形状(图13)。

1 平广

2 凸起

3 凹入

图 13 球果基部

5.52 球果开裂程度

球果成熟后期外种皮自然开裂的程度(图14)。

1 微裂

2 半开裂

3 完全开裂

图 14 球果开裂程度

5.53　种鳞形状

球果完全成熟后种鳞的形状(图 15)。

　　1　卷曲
　　2　直立
　　3　平广

　　　　　1　　　　　　　　2　　　　　　　　3

图 15　种鳞形状

5.54　种鳞数目

球果完全成熟后种鳞的数目，单位为对(图 16)。

　　1　2 对
　　2　3 对
　　3　4 对

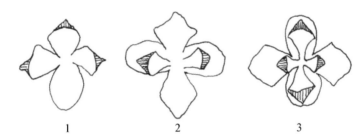

　　　1　　　　　　　　2　　　　　　　　3

图 16　种鳞数目

5.55　球果内种子数

球果完全成熟后球果内的种子数，单位为个。

　　1　3 个
　　2　4 个
　　3　5 个
　　4　6 个
　　5　7 个
　　6　8 个
　　7　9 个
　　8　10 个

5.56 成熟前球果颜色

球果成熟前表皮的颜色。

1 绿色

2 蓝绿色

5.57 成熟球果颜色

球果成熟时表皮的颜色。

1 棕色

2 赤褐色

3 褐色

4 暗褐

5.58 成熟球果脱落时期

球果成熟后脱离树体的时期。

1 早

2 中

3 晚

5.59 果粉

球果成熟前外种皮覆盖白粉的程度(图 17)。

1 薄

2 中

3 厚

1   2   3

图 17 果粉

5.60 球果长

球果纵径的长度,测量时从基部量至顶端,单位为 cm。

5.61 球果宽

球果最宽处横径的长度,单位为 cm。

5.62 球果厚

球果的厚度,单位为 cm。

5.63 单果重

完全成熟时，球果的平均重量，单位为 g。

5.64 单株球果重量

20 年生实生侧柏单株球果的重量，单位为 kg。

5.65 球果成熟时期

侧柏球果完全成熟的时期。

1 早
2 中
3 晚

5.66 球果成熟后脱落特性

侧柏球果完全成熟后的脱落特性。

1 立即脱落
2 逐渐脱落
3 长期不脱落

5.67 球果分布位置

侧柏球果在树体上的分布位置。

1 上部
2 中上部
3 上中下部

5.68 球果与树体连接程度

侧柏球果与树体的连接程度。

1 易分离
2 较易分离
3 不易分离

5.69 种子形状

完全成熟的球果开裂后，球果内种子的形状(图 18)。

1 卵圆形
2 椭圆形
3 长卵圆形
4 阔卵圆形
5 纺锤形
6 长圆形

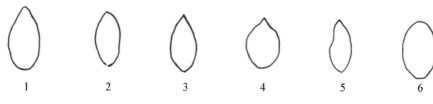

图18　种子形状

5.70　种子长

种子纵径的长度，测量时从基部量至顶端，单位为 mm。

5.71　种子宽

种子最宽处横径的长度，单位为 mm。

5.72　种子厚

种子的厚度，单位为 mm。

5.73　种子重

种子的重量，单位为 g。

5.74　种子光洁度

完全成熟的种子表面的光洁程度。

　　1　光洁美观

　　2　较光洁

　　3　粗糙

5.75　种子颜色

完全成熟的种子外观的颜色。

　　1　黑色

　　2　褐色

5.76　种子顶端形状

种子顶端的形状(图19)。

　　1　圆钝

　　2　平广

　　3　微尖

　　4　尖

图19　种子顶端形状

5.77　种子基部形状

种子基部的形状(图20)。

　　1　平广
　　2　窄狭

图 20　种子基部形状

5.78　种子棱脊

种子是否有棱脊(图21)。

　　1　棱脊明显
　　2　少有棱脊
　　3　无棱脊

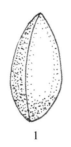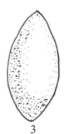

图 21　种子棱脊

5.79　种子是否有翅

种子是否有翅(图22)。

　　1　无翅
　　2　有极窄之翅

图 22　种翅

5.80 优良种子

球果内饱满种粒数占总种子总数的百分比，以百分数(%)表示。

5.81 种子千粒重

1000 粒成熟侧柏种子的重量，单位为 g。

5.82 种子脱落特性

侧柏种子完全成熟后的脱落特性。

    1 一次性脱落(成熟后马上脱落)

    2 二次脱落(成熟后 9 月初脱落 1 次)

    3 多次脱落(成熟后逐渐)

5.83 种子和球果脱落方式

侧柏种子完全成熟后的脱落方式。

    1 球果脱落

    2 种子脱落

    3 球果种子脱落

6 品质特性

6.1 种子颜色均匀度

完全成熟后种子表皮颜色的均匀程度。

    1 差

    2 中

    3 好

6.2 种子均匀度

完全成熟后种子重量的均匀程度。

    1 差

    2 中

    3 好

6.3 叶子挥发油含量

1 年生枝上的叶挥发油的含量，以百分数(%)表示。

6.4 侧柏酸含量

1 年生枝上的叶侧柏酸的含量，单位为 mg/L。

6.5 种子淀粉含量

完全成熟的种仁淀粉的含量，以百分数(%)表示。

6.6 种子脂肪含量

完全成熟的种仁脂肪的含量，以百分数(%)表示。

6.7 种子蛋白质含量

完全成熟的种仁蛋白质的含量，以百分数(%)表示。

6.8 侧柏木材横纹弦向抗压强度

侧柏木材横纹弦向抗压的强度。

    1 强

    2 中

    3 差

6.9 侧柏木材顺纹抗压强度

侧柏木材顺纹抗压的强度。

    1 强

    2 中

    3 差

6.10 侧柏木材体积全干缩率

侧柏木材体积全干缩率的大小。

    1 大

    2 中

    3 小

6.11 侧柏木材纤维素含量

侧柏木材纤维素的含量，以百分数(%)表示。

7 抗逆性

7.1 抗旱性

侧柏植株抵抗或忍耐干旱的能力。

    1 强

    2 中

    3 弱

7.2 耐涝性

侧柏植株抵抗或忍耐多湿水涝的能力。

    1 强

    2 中

    3 弱

7.3 抗寒性

侧柏植株抵抗或忍耐低温寒冷的能力。

> 1 强
>
> 2 中
>
> 3 弱

7.4 抗晚霜能力

侧柏植株抵抗或忍耐晚霜的能力。

> 1 强
>
> 2 中
>
> 3 弱

8 抗病虫性

8.1 毒蛾抗性

侧柏对毒蛾的抗性强弱。

> 1 高抗(HR)
>
> 2 抗(R)
>
> 3 中抗(MR)
>
> 4 感(S)
>
> 5 高感(HS)

8.2 柏双条杉天牛抗性

侧柏对柏双条杉天牛的抗性强弱。

> 1 高抗(HR)
>
> 2 抗(R)
>
> 3 中抗(MR)
>
> 4 感(S)
>
> 5 高感(HS)

8.3 侧柏立枯病抗性

侧柏叶片对立枯病的抗性强弱。

> 1 高抗(HR)
>
> 2 抗(R)
>
> 3 中抗(MR)
>
> 4 感(S)
>
> 5 高感(HS)

9　其他特征特性

9.1　指纹图谱与分子标记
侧柏核心种质 DNA 指纹图谱的构建和分子标记类型及其特征参数。

9.2　备注
侧柏种质特殊描述符或特殊代码的具体说明。

侧柏种质资源数据标准

序号	代号	描述符	字段英文名	字段类型	字段长度	字段小数位	单位	代码	代码英文名	样例
1	101	资源流水号	Running number	C	20					1111C0003122000001
2	102	资源编号	Accession number	C	20					PLORI1101080001
3	103	种质名称	Chinese name	C	30					'文柏'
4	104	种质外文名	Alien name	C	40					'Wenbai'
5	105	科中文名	Chinese name of family	C	10					柏科
6	106	科拉丁名	Latin name of family	C	30					Cupressaceae
7	107	属中文名	Chinese name of genus	C	40					侧柏属
8	108	属拉丁名	Latin name of genus	C	30					Platycladus
9	109	种名或亚种名	Species or subspecies name	C	50					侧柏
10	110	种拉丁名	Latin name of species	C	30					Platycladus orientalis (Linn.) Franco
11	111	原产地	Place of origin	C	20					泰安市
12	112	省（自治区、直辖市）	Province of origin	C	20					山东

（续）

序号	代号	描述符	字段英文名	字段类型	字段长度	字段小数位	单位	代码	代码英文名	样例
13	113	原产国家	Country of origin	C	20					中国
14	114	来源地	Sample source	C	40					泰安
15	115	归类编码	Sorting code	C	20					1131111163
16	116	资源类型	Biogical status of accession	C	20			1: 野生资源（群体、种源） 2: 野生资源（家系） 3: 野生资源（个体、基因型） 4: 地方品种 5: 选育品种 6: 遗传材料 7: 其他	1: Wild Resources (Population, Provenance) 2: Wild Resources (Family) 3: Wild Resources (Individual, Genotype) 4: Local varieties 5: Breeding varieties 6: Genetic material 7: Others	品种
17	117	主要特性	Key features	C	40			1: 高产 2: 优质 3: 抗病 4: 抗虫 5: 抗逆 6: 高效 7: 其他	1: High yield 2: High quality 3: Disease-resistant 4: Insect-resistant 5: Stress-resistant 6: High active 7: Others	优质
18	118	主要用途	Main use	C	40			1: 材用 2: 药用 3: 防护 4: 观赏 5: 其他	1: Timber 2: Official 3: Protection 4: Ornamental 5: Others	观赏

（续）

序号	代号	描述符	字段英文名	字段类型	字段长度	字段小数位	单位	代码	代码英文名	样例
19	119	气候带	Climate zone	C	20			1：热带 2：亚热带 3：温带 4：寒温带 5：寒带	1：Tropics 2：Subtropics 3：Temperate zone 4：Cold temperate zone 5：Frigid zone	温带
20	120	生长习性	Growth habit	C	50			1：喜光 2：耐盐碱 3：喜水肥 4：耐干旱	1：Light favored 2：Salinity 3：Water-liking 4：Drought-resistant	喜光
21	121	开花结实特性	Characteristics of flowering and fruiting	C	100					3月始花，大小年明显
22	122	特征特性	Characteristics	C	100					垂枝
23	123	具体用途	Specific use	C	40					叶用
24	124	观测地点	Observation location	C	20					山东泰安
25	125	繁殖方式	Means of reproduction	C	50			1：有性繁殖（种子繁殖） 2：无性繁殖（扦插繁殖） 3：无性繁殖（嫁接繁殖）	1：Sexual propagation（Seed reproduction） 2：Asexual propagation（Cutting reproduction） 3：Asexual propagation（Grafting reproduction）	有性繁殖（种子繁殖）
26	126	选育单位	Breeding institute	C	40					
27	127	选育年份	Releasing year	N	4	0				
28	128	海拔	Altitude	N	5	0	m			720
29	129	经度	Longitude	N	8	0				12236

（续）

序号	代号	描述符	字段 英文名	字段 类型	字段 长度	字段 小数位	单 位	代码	代码 英文名	样例
30	130	纬度	Latitude	N	7	0				3611
31	131	土壤类型	Soil type	C	10					盐土
32	132	生态环境	Ecological environment	C	20					疏林生态系统
33	133	年均温度	Average annual temperature	N	6	1	℃			12.1
34	134	年均降水量	Average annual precipitati-on	N	6	0	mm			810
35	135	图像	Image file name	C	30					流水号-1.jpg
36	136	记录地址	Record address	C	30					
37	137	保存单位	Conservation institute	C	50					山东农业大学
38	138	单位编号	Conservation institute name	C	10					112
39	139	库编号	Base number	C	10					112
40	140	引种号	Introduction number	C	10					20010023
41	141	采集号	Collecting number	C	10					20012370012
42	142	保存时间	Conservation time	D	8					
43	143	保存材料类型	Donor material type	C	10			1: 植株 2: 种子 3: 营养器官（穗条等） 4: 花粉 5: 培养物（组培材料） 6: 其他	1: Plant 2: Seed 3: Vegetative organ (Scion, Root tuber, Root whip) 4: Pollen 5: Culture (Tissue culture-material) 6: Others	植株

（续）

序号	代号	描述符	字段英文名	字段类型	字段长度	字段小数位	单位	代码	代码英文名	样例
44	144	保存方式	Conservation mode	C	10			1：原地保存 2：异地保存 3：设施（低温库）保存	1：In situ conservation 2：Ex situ conservation 3：Low temperature preservation	原地保存
45	145	实物状态	Physical state	C	4			1：良好 2：中等 3：较差 4：缺失	1：Good 2：Medium 3：Poor 4：Defect	良好
46	146	共享方式	Sharing methods	C	20			1：公益性 2：公益借用 3：合作研究 4：知识产权交易 5：资源纯交易 6：资源租赁 7：资源交换 8：收藏地共享 9：行政许可 10：不共享	1：Public interest 2：Public borrowing 3：Cooperative research 4：Intellectual property rights transaction 5：Pureresources transaction 6：Resource rent 7：Resource discharge 8：Collection local share 9：Administrative license 10：Not share	公益性
47	147	获取途径	Obtain way	C	10			1：邮递 2：现场获取 3：网上订购 4：其他	1：Post 2：Captured in the field 3：Online ordering 4：Others	现场获取
48	148	联系方式	Contact way	C	40					
49	149	元数据主键	Key words of source data	C	30					

（续）

序号	代号	描述符	字段 英文名	字段 类型	字段 长度	字段 小数位	单位	代码	代码 英文名	样例
50	150	关联 项 目 及 编号	Related project	C	50					
51	201	树体高矮	Plant height	C	4			1：矮小 2：中等 3：高大	1：Low 2：Intermediate 3：High	高大
52	202	树姿	Tree form	C	6			1：直立 2：开张 3：下垂	1：Upright 2：Open 3：Pendulous	直立
53	203	树形	Tree crown types	C	6			1：圆柱形 2：笔形 3：塔形 4：圆锥形 5：卵形 6：圆头形	1：Cylindrical 2：Pen-shape 3：Tower 4：Con 5：Oval 6：Round-shape	塔形
54	204	树冠疏密度	Tree crown density	C				1：稀 2：中 3：密	1：Sparse 2：Intermediate 3：Dense	稀
55	205	干形	Trunk types	C				1：单干 2：双干 3：多干	1：Single trunk 2：Double trunk 3：More than two trunk	单干
56	206	主干通直度	Trunk straightness	C				1：通直 2：扭曲	1：Straight 2：Contorted	通直
57	207	主干色泽	Trunk color	C				1：暗褐 2：灰褐 3：灰色	1：Dark brown 2：Grey brown 3：Grey	灰褐

（续）

序号	代号	描述符	字段英文名	字段类型	字段长度	字段小数位	单位	代码	代码英文名	样例
58	208	树皮开裂	Bark crack	C				1: 窄长条垂直纵裂 2: 窄长条扭曲纵裂 3: 窄长条剥落	1: Vertical and longitudinal crack with narrow strip 2: Contorted and longitudinal crack with narrow strip 3: Exfoliation with narrow strip	窄长条垂直纵裂
59	209	树皮厚度	Thickness of bark	C				1: 薄 2: 中 3: 厚	1: Thin 2: Intermediate 3: Thick	中
60	210	古树树瘤	Burl of ancient trees	C				1: 有 2: 无	1: Yes 2: No	有
61	211	枝条形状	Branch shape	C				1: 扁 2: 圆	1: Flat 2: Round	圆
62	212	枝条疏密度	Branch density	C				1: 稀 2: 中 3: 密	1: Sparse 2: Intermediate 3: Dense	中
63	213	小枝生长方向	Growth direction of branch	C				1: 直立 2: 半直立 3: 水平 4: 下垂 5: 扭曲	1: Upright 2: Partly erect 3: Horizontal 4: Droop 5: Contorted	水平
64	214	小枝节间长度	Intermode length of branch	C				1: 短 2: 中 3: 长	1: Short 2: Intermediate 3: Long	短

（续）

序号	代号	描述符	字段英文名	字段类型	字段长度	字段小数位	单位	代码	代码英文名	样例
65	215	叶形	Leaf shape	C				1: 鳞形叶 2: 刺叶	1: Scaly leaf 2: Spiny leaf	鳞形叶
66	216	小枝中间叶形状	Shape of intercalary leaf of branch	C				1: 楔状三角形 2: 倒卵状菱形 3: 斜方形	1: Wedge triangle 2: Pouring-egg rhombus 3: Rhombus	楔状三角形
67	217	叶片背面腺点	Glandular punctate in the back of leaf	C				1: 有 2: 无	1: Yes 2: No	无
68	218	腺点形状	Shape of glandular punctate	C				1: 纵脊状 2: 圆形	1: Longitudinal 2: Dot	纵脊状
69	219	夏季叶色	Leaf color (Summer)	C	4			1: 绿色 2: 黄色 3: 黄绿色 4: 深绿色	1: Green 2: Yellow 3: Yellow-green 4: Dark green	绿色
70	220	冬季叶色	Leaf color (Winter)	C				1: 绿色 2: 深绿色 3: 黄色 4: 褐色	1: Green 2: Dark green 3: Yellow 4: Brown	深绿色
71	221	新叶颜色	Color of young leaf	C				1: 翠绿色 2: 黄绿色 3: 绿色	1: Jade green 2: Yellow-green 3: Green	黄绿色
72	222	当年生枝彩斑	Variegation on one-year branch	C				1: 有 2: 无	1: Yes 2: No	有
73	223	当年生枝彩斑着生特点	Characteristic of variegation on one-year branch	C				1: 顶部着生 2: 内侧着生 3: 分散着生	1: At the top of tree 2: The inside of tree 3: Scattered	内侧着生

（续）

序号	代号	描述符	字段英文名	字段类型	字段长度	字段小数位	单位	代码	代码英文名	样例
74	224	叶片质地	Leaf texture	C				1: 软 2: 中 3: 硬	1: Soft 2: Intermediate 3: Hard	软
75	225	叶粉	Leaf powder	C				1: 有 2: 无	1: Yes 2: No	有
76	226	性别	Sex	C				1: 雄株型 2: 雌株型 3: 雌雄同株	1: Male 2: Female 3: Hermaphrodite	雄株型
77	227	雄花数量	Number of male flower	N			个			10
78	228	雄花物候期	Phenology of male flower	C				1: 早 2: 中 3: 晚	1: Early 2: Intermediate 3: Late	中
79	229	花粉育性	Pollen fertility	C				1: 败育 2: 可育	1: Unfertility 2: Fertility	败育
80	230	花粉发芽率	Pollen germination rate	N			%			15
81	231	雌花数量	Number of female flower	N			个			20
82	232	雌花物候期	Phenology of female flower	C				1: 早 2: 中 3: 晚	1: Early 2: Intermediate 3: Late	晚

（续）

序号	代号	描述符	字段英文名	字段类型	字段长度	字段小数位	单位	代码	代码英文名	样例
83	233	雌花胚珠数	Ovule number	C				1：3个 2：4个 3：5个 4：6个 5：7个 6：8个 7：9个 8：10个	1：Three 2：Four 3：Five 4：Six 5：Seven 6：Eight 7：Nine 8：Ten	6个
84	234	雌花珠鳞数	Ovuliferous scale number	C				1：2对 2：3对 3：4对	1：Two pairs 2：Three pairs 3：Four pairs	3对
85	235	是否雌雄异熟	Dichogamy	C				1：雌雄花同时成熟 2：雌花先成熟 3：雄花先成熟	1：Homogamy 2：Female flower first 3：Male flower first	雌花先成熟
86	236	结果枝枝粗度	Thickness of fruit spur	N			cm			0.3
87	237	连续结果能力	Continuous nut-bearing ability	C				1：弱 2：中 3：强	1：Poor 2：Intermediate 3：Strong	中
88	238	坐果率	Rate of fruit setting	N	4	1	%			67.6
89	239	结实率	Fructification rate	N	2		%			72.3
90	240	实生早果性	Nature of precocity	C				1：早 2：晚	1：Early 2：Late	晚
91	241	丰产性	Yielding ability	C				1：低 2：中 3：高	1：Low 2：Intermediate 3：High	中

（续）

序号	代号	描述符	字段英文名	字段类型	字段长度	字段小数位	单位	代码	代码英文名	样例
92	242	萌芽期	Date of bud burst	D	10					4 月 3 日
93	243	雄花初开期	First open date of male flower	D	10					4 月 14 日
94	244	雄花盛开期	Full open date of male flower	D	10					4 月 20 日
95	245	雌花初开期	First open date of female flower	D	10					4 月 12 日
96	246	雌花盛开期	Full open date of female flower	D	10					4 月 22 日
97	247	球果成熟期	Date of cone maturation	D	10					10 月 5 日
98	248	球果发育期	Cone development period	N	4		d			155
99	249	球果脱落期	Drop date of cone	D	10					10 月 15 日
100	250	球果形状	Cone shape	C	6			1：圆球形 2：纺锤形 3：卵圆形	1: Spherical 2: Spindle 3: Oval	纺锤形
101	251	球果基部形状	Shape of cone base	C				1：平广 2：凸起 3：凹入	1: Flat 2: Embossing 3: Nick	凸起
102	252	球果开裂程度	Cracking degree of cone	C				1：微裂 2：半开裂 3：完全开裂	1: Tiny 2: Half 3: Complete	中

（续）

序号代号	代号	描述符	字段英文名	字段类型	字段长度	字段小数位	单位	代码	代码英文名	样例
103	253	种鳞形状	Shape of seed scale	C				1: 卷曲 2: 直立 3: 平广	1: Crimp 2: Upright 3: Flat	卷曲
104	254	种鳞数目	Number of seed scale	C				1: 2 对 2: 3 对 3: 4 对	1: Two pairs 2: Three pairs 3: Four pairs	3 对
105	255	球果内种子数	Number of seed	C			个	1: 3 个 2: 4 个 3: 5 个 4: 6 个 5: 7 个 6: 8 个 7: 9 个 8: 10 个	1: Three 2: Four 3: Five 4: Six 5: Seven 6: Eight 7: Nine 8: Ten	5
106	256	成熟前球果颜色	Color of cone (before maturity)	C				1: 绿色 2: 蓝绿色	1: Green 2: Blue-green	蓝绿色
107	257	成熟球果颜色	Color of cone (After maturity)	C				1: 棕色 2: 赤褐色 3: 褐色 4: 暗褐	1: Brown 2: Russet 3: Brownness 4: Dark brownness	褐色
108	258	成熟球果脱落时期	Drop date of mature cone	C				1: 早 2: 中 3: 晚	1: Early 2: Intermediate 3: Late	晚
109	259	果粉	Cone powder	C				1: 薄 2: 中 3: 厚	1: Thin 2: Intermediate 3: Thick	薄

种质资源描述规范和数据标准
Descriptors and Data Standard for Platicladus Germplasm Resources

（续）

序号	代号	描述符	字段英文名	字段类型	字段长度	字段小数位	单位	代码	代码英文名	样例
110	260	球果长	Cone length	C			cm			2.0
111	261	球果宽	Cone width	C			cm			1.2
112	262	球果厚	Thickness of cone	C			cm			0.8
113	263	单果重	Cone weight	C			g			1.42
114	264	单株球果重量	Cone weight per individual	C			g			1000
115	265	球果成熟时期	Date of cone maturation	C				1：早 2：中 3：晚	1: Early 2: Intermediate 3: Late	中
116	266	球果成熟后脱落特性	Drop characteristic of mature cone	C				1：立即脱落 2：逐渐脱落 3：长期不脱落	1: Drop immediately 2: Drop gradually 3: Long term non-drop	逐渐脱落
117	267	球果分布位置	Distribution in tree	C				1：上部 2：中上部 3：上中下部	1: Upside 2: Middle-upper part 3: All parts	中上部
118	268	球果与树体连接程度	Connection tree with cone	C				1：易分离 2：较易分离 3：不易分离	1: Separate easily 2: Separate easier 3: Not separate easily	较易分离
119	269	种子形状	Seed shape	C				1：卵圆形 2：椭圆形 3：长卵圆形 4：阔卵圆形 5：纺锤形 6：长圆形	1: Oval 2: Ellipse 3: Length oval 4: Broad oval 5: Spindle 6: Length round	长卵圆形

（续）

序号	代号	描述符	字段英文名	字段类型	字段长度	字段小数位	单位	代码	代码英文名	样例
120	270	种子长	Seed length	C				mm			0.61
121	271	种子宽	Seed width	C				mm			0.30
122	272	种子厚	Thickness of seed	C				mm			0.27
123	273	种子重	Seed weight	C				g			0.022
124	274	种子光洁度	Seed smoothness	C					1: 光洁美观 2: 较光洁 3: 粗糙	1: Smooth beauty 2: Smooth 3: Coarseness	较光洁
125	275	种子颜色	Seed color	C					1: 黑色 2: 褐色	1: Black 2: Brownness	褐色
126	276	种子顶端端形状	Shape of seed Top	C					1: 圆钝 2: 平广 3: 微尖 4: 尖	1: Obtuse 2: Flat 3: Microtip 4: Tip	微尖
127	277	种子基部形状	Shape of seed base	C					1: 平广 2: 狭窄	1: Flat 2: Narrow	狭窄
128	278	种子棱脊	Ridge of seed	C					1: 无棱脊 2: 少有棱脊 3: 棱脊明显	1: None 2: Tiny 3: Clear	少有棱脊
129	279	种子是否有翅	Seed wing	C					1: 无翅 2: 狭窄	1: None 2: Narrow	狭窄
130	280	优良种子	Rate of excellent seeds	N				%			63.2
131	281	种子粒重	Weight per 1000 seeds	C				g			21.7

（续）

序号	代号	描述符	字段英文名	字段类型	字段长度	字段小数位	单位	代码	代码英文名	样例
132	282	种子脱落特性	Drop characteristic of seed	C				1: 一次性脱落 2: 两次脱落 3: 多次脱落	1: Drop once 2: Drop twice 3: Drop more than twice	多次脱落
133	283	种子和球果脱落方式	Removal of seed and cone	C				1: 球果脱落 2: 种子脱落 3: 球果种子同时脱落	1: Only cone 2: Only seed 3: Both cone and seed	种子脱落
134	301	种子颜色均匀度	Uniformity of nut color	C	2			1: 差 2: 中 3: 好	1: Poor 2: Intermediate 3: Good	差
135	302	种子均匀度	Uniformity of nut size	C	2			1: 差 2: 中 3: 好	1: Poor 2: Intermediate 3: Good	中
136	303	叶子挥发油含量	Leaf volatile oils	N			%			0.8
137	304	侧柏酸含量	Plicatic acidcontent	N			mg/L			1.1
138	305	种子淀粉含量	Kernel starch content	N			%			1.2
139	306	种子脂肪含量	Kernel fat content	N	4	1	%			2.1
140	307	种子蛋白质含量	Kernel protein content	N	4	1	%			1.3
141	308	侧柏木材横纹弦向抗压强度	Wood grain tangential compressive strength	C				1: 强 2: 中 3: 差	1: Strong 2: Intermediate 3: Poor	差

（续）

序号	代号	描述符	字段英文名	字段类型	字段长度	字段小数位	单位	代码	代码英文名	样例
142	309	侧柏木材顺纹抗压强度	Wood compression strength parallel to grain	C				1: 强 2: 中 3: 差	1: Strong 2: Intermediate 3: Poor	中
143	310	侧柏木材体积全干缩率	Wood volume shrinkage	C				1: 大 2: 中 3: 小	1: Big 2: Intermediate 3: Small	中
144	311	侧柏木材纤维素含量	Wood cellulose	C			%			
145	401	抗旱性	Drought resistance	C	2			1: 强 2: 中 3: 弱	1: Strong 2: Intermediate 3: Poor	弱
146	402	耐涝性	Waterlogging tolerance	C	2			1: 强 2: 中 3: 弱	1: Strong 2: Intermediate 3: Poor	弱
147	403	抗寒性	Cold resistance	C	2			1: 强 2: 中 3: 弱	1: Strong 2: Intermediate 3: Poor	强
148	404	抗晚霜能力	Resistance to late frost	C	2			1: 强 2: 中 3: 弱	1: Strong 2: Intermediate 3: Poor	强
149	501	毒蛾抗性	Resistance to lymantridae	C				1: 高抗 2: 抗 3: 中感 4: 感 5: 高感	1: High resistant 2: Resistant 3: Moderate resistant 4: Susceptive 5: High susceptive	高抗

（续）

序号	代号	描述符	字段英文名	字段类型	字段长度	字段小数位	单位	代码	代码英文名	样例
150	502	柏双条杉天牛抗性	Resistance to semantic bifasciatus	C				1: 高抗 2: 抗 3: 中抗 4: 感 5: 高感	1: High resistant 2: Resistant 3: Moderate resistant 4: Susceptive 5: High susceptive	中抗
151	503	侧柏立枯病抗性	Resistance to damping off	C				1: 高抗 2: 抗 3: 中抗 4: 感 5: 高感	1: High resistant 2: Resistant 3: Moderate resistant 4: Susceptive 5: High susceptive	感
152	601	指纹图谱与分子标记	Ingerprinting and molecular marker	C	40					
153	602	备注	Remarks	C	30					

侧柏种质资源数据质量控制规范

1 范围

本规范规定了侧柏种质资源数据采集过程中的质量控制内容和方法。

本规范适用于侧柏种质资源的整理、整合和共享。

2 规范性引用文件

下列文件中的条款通过本规范的引用而成为本规范的条款。凡是注日期的引用文件，其随后所有的修改单（不包括勘误的内容）或修订版均不适用于本规范，然而，鼓励根据本规范达成协议的各方研究是否可使用这些文件的最新版本。凡是不注日期的引用文件，其最新版本适用于本规范。

ISO 3166　Codes for the Representation of Names of Countries

GB/T 2659　世界各国和地区名称代码

GB/T 2260-2007　中华人民共和国行政区划代码

GB/T 12404　单位隶属关系代码

GB/T 10466-1989　蔬菜、水果形态学和结构学术语(一)

GB/T 4407　经济作物种子

GB/T 10220-1988　感官分析方法总论

GB/T 12316-1990　感官分析方法"A"-非"A"检验

The Royal Horticultural Society's Colour Chart

GB/T 8855-1988　新鲜水果和蔬菜的取样方法

GB/T 5009.9-2003　食品中淀粉的测定

GB/T 5512-1985　粮食、油料检验 粗脂肪测定法

GB/T 8856-1988　水果、蔬菜产品粗蛋白质的测定方法

GB1927-1943-91　木材物理力学性质试验方法

GB1935-1991　木材顺纹抗压强度试验方法

3　数据质量控制的基本方法

3.1　试验设计

按侧柏种质资源的生长发育周期，满足侧柏种质资源的正常生长及其性状的正常表达，确定好时间、地点和内容，保证所需数据的真实性、可靠性。

3.1.1　试验地点

试验地点的环境条件应能够满足侧柏植株的正常生长及其性状的正常表达。

3.1.2　田间设计

一般选择10年生的成龄树，每份种质重复3次。

形态特征和生物学特性观测试验应设置对照品种，试验地周围应设保护行或保护区。

3.1.3　栽培管理

试验地的栽培管理要与大田基本相同，采用相同的水肥管理，及时防治病虫害，保证植株正常生长。

3.2　数据采集

形态特征和生物学特性观测试验原始数据的采集应在植株正常生长的情况下获得。如遇自然灾害等因素严重影响植株正常生长时，应重新进行观测试验和数据采集。

3.3　试验数据的统计分析和校验

每份种质的形态特征和生物学特性观测数据，依据对照品种进行校验。根据2~3年的重复观测值，计算每份种质性状的平均值、变异系数和标准差，并进行方差分析，判断试验结果的稳定性和可靠性。取观测值的平均值作为该种质的性状值。

4　基本信息

4.1　资源流水号

侧柏种质资源进入数据库自动生成的编号。

4.2 资源编号

侧柏种质资源的全国统一编号。由 15 位符号组成，即树种代码(5 位)+保存地代码(6 位)+顺序号(4 位)组成表；

树种代码：由树种拉丁名的属名前 2 个字母+种名前 3 个字母组成，侧柏代码 PLORI；

保存地代码：指资源保存地所在县级行政区域的代码，按照 GB/T 2260-2007 的规定执行；

顺序号：该类资源在保存库中的顺序号。

示例：PLORI(侧柏树种代码)110108(北京海淀区)0001(保存顺序号)。

4.3 种质名称

国内种质的原始名称和国外引进种质的中文译名，如果有多个名称，可放在英文括号内，用英文逗号分隔，如"种质名称1(种质名称2，种质名称3)"；由国外引进的种质如果无中文译名，可直接填写种质的外文名。

4.4 种质外文名

国外引进侧柏种质的外文名，国内种质资源不填写。

4.5 科中文名

种质资源在植物分类学上的中文科名，如"柏科"。

4.6 科拉丁名

种质资源在植物分类学上科的拉丁文，拉丁文用正体，如"Cupressaceae"。

4.7 属中文名

种质资源在植物分类学上的中文属名，如"侧柏属"。

4.8 属拉丁名

种质资源在植物分类学上属的拉丁文，拉丁文用斜体，如"*Platycladus*"。

4.9 种名或亚种名

种质资源在植物分类学上的中文名或亚种名，如"侧柏"。

4.10 种拉丁名

种质资源在植物分类学上的拉丁文，拉丁文用斜体，如"*Platycladus orientalis*(Linn.) Franco"。

4.11 原产地

国内侧柏种质的原产县、乡、村名称。依照 GB/T 2260-2007 的要求，填写原产县、自治县、县级市、市辖区、旗、自治旗、林区的名称及具体的乡、村、林场等名称。

4.12 原产省

国内侧柏种质原产省份(自治区、直辖市)名称，参照 GB/T 2260-2007

的规定填写原产省(自治区、直辖市)的名称;国外引进的种质原产省用原产国家(或地区)一级行政区的名称。

4.13 原产国家

侧柏种质原产国家名称、地区名称。国家和地区名称参照 ISO 3166 和 GB/T 2659-2000 的规定填写,如该国家已不存在,应在原国家名称前加"原"字,如"原苏联"。

4.14 来源地

中国侧柏种质的来源省(自治区、直辖市)、县名称;国外引进种质的来源国家、地区名称或国际组织名称。

4.15 归类编码

采用国家自然科技资源共享平台编制的《自然科技资源共性描述规范》,依据其中"植物种质资源分级归类与编码表"中林木部分进行编码(11 位)。侧柏的归类编码是 1131111163。

4.16 资源类型

保存的侧柏种质类型。

    1 野生资源(群体、种源)

    2 野生资源(家系)

    3 野生资源(个体、基因型)

    4 地方品种

    5 选育品种

    6 遗传材料

    7 其他

4.17 主要特性

侧柏种质资源的主要特性。

    1 高产

    2 优质

    3 抗病

    4 抗虫

    5 抗逆

    6 高效

    7 其他

4.18 主要用途

侧柏种质资源的主要用途。

    1 材用

2 药用

3 防护

4 观赏

5 其他

4.19 气候带

侧柏种质资源原产地所属的气候带。

1 热带

2 亚热带

3 温带

4 寒温带

5 寒带

4.20 生长习性

描述侧柏在长期自然选择中表现的生长、适应或喜好。

1 喜光

2 耐盐碱

3 喜水肥

4 耐干旱

4.21 开花结实特性

侧柏种质资源的开花和结实周期。

4.22 特征特性

侧柏种质资源可识别或独特性的形态、特征。

4.23 具体用途

侧柏种质资源具有的特殊价值和用途。

4.24 观测地点

侧柏种质资源形态、特征观测和测定的地点。

4.25 繁殖方式

侧柏种质资源的繁殖方式。

1 有性繁殖(种子繁殖)

2 无性繁殖(扦插繁殖)

3 无性繁殖(嫁接繁殖)

4.26 选育(采集)单位

选育侧柏品种的单位或个人(侧柏的采集单位或个人)。

4.27 育成年份

侧柏品种育成的年份。

4.28 海拔

侧柏种质原产地的海拔高度，单位为 m。

4.29 经度

侧柏种质原产地的经度，格式为 DDDFFMM，其中 D 为度，F 为分，M 为秒。东经以正数表示，西经以负数表示。

4.30 纬度

侧柏种质原产地的纬度，格式为 DDFFMM，其中 D 为度，F 为分，M 为秒。北纬以正数表示，南纬以负数表示。

4.31 土壤类型

侧柏种质资源原产地的土壤条件，包括土壤质地、土壤名称、土壤酸碱度或性质等。

4.32 生态环境

侧柏种质资源原产地的自然生态系统类型。

4.33 年均温度

侧柏种质资源原产地的年均温度，通常用当地最近气象台近 30~50 年的年均温度，单位为℃。

4.34 年均降水量

侧柏种质资源原产地的年均降水量，通常用当地最近气象台近 30~50 年的年均降水量，单位为 mm。

4.35 图像

侧柏种质资源的图像信息，图像格式为 .jpg。

4.36 记录地址

提供侧柏种质资源详细信息的网址或数据库记录链接。

4.37 保存单位

侧柏种质资源的保存单位名称(全称)。

4.38 单位编号

侧柏种质资源在保存单位中的编号。

4.39 库编号

侧柏种质资源在种质资源库或圃中的编号。

4.40 引种号

侧柏种质资源从国外引入时的编号。

4.41 采集号

侧柏种质资源在野外采集时的编号。

4.42 保存时间

侧柏种质资源被收藏或保存的时间，以"年月日"表示，格式为"YYYYM-

MDD"。

4.43 保存材料类型

保存的侧柏种质材料的类型。

    1   植株

    2   种子

    3   营养器官(穗条、根穗等)

    4   花粉

    5   培养物(组培材料)

    6   其他

4.44 保存方式

侧柏种质资源保存的方式。

    1   原地保存

    2   异地保存

    3   设施(低温库)保存

4.45 实物状态

侧柏种质资源实物的状态。

    1   良好

    2   中等

    3   较差

    4   缺失

4.46 共享方式

侧柏种质资源实物的共享方式。

    1   公益性

    2   公益借用

    3   合作研究

    4   知识产权交易

    5   资源纯交易

    6   资源租赁

    7   资源交换

    8   收藏地共享

    9   行政许可

    10   不共享

4.47 获取途径

获取侧柏种质资源实物的途径。

    1   邮递

    2   现场获取

    3   网上订购

    4   其他

4.48　联系方式

获取侧柏种质资源的联系方式，包括联系人、单位、邮编、电话、E-mail 等。

4.49　源数据主键

链接侧柏种质资源特征或详细信息的主键值。

4.50　关联项目及编号

侧柏种质资源收集、选育或整合的依托项目及编号。

5　形态特征和生物学特性

5.1　树体高矮

选取 30 株成龄树（随机抽取，常规栽培管理，下同），用测高器测量树高，求其平均值。单位为 m，精确到 0.1 m。

根据平均树高和参照树体高矮模式图及下列标准，确定种质树体的高矮。

    1   矮小（树体高度<5.0 m）

    2   中等（5.0 m≤树体高度<10.0 m）

    3   高大（树体高度≥10.0 m）

5.2　树姿

选取成龄树，采用目测的方法，观测侧柏植株的树姿。

根据观察结果和参照树姿模式图及下列说明，确定种质的树姿。

    1   直立（多数骨干枝向斜上直伸，下部主枝分枝角度小于60°）

    2   开张（多数骨干枝水平伸展的甚多，下部主枝分枝角度大于70°）

    3   下垂（多数骨干枝下垂）

5.3　树形

选取成龄树，采用目测的方法，观测侧柏树冠的形状。

根据观察结果和参照树形模式图及下列说明，确定种质的树形。

    1   圆柱形

    2   笔形

    3   塔形

    4   圆锥形

5 卵形

6 圆头形

5.4 树冠疏密度

采用目测的方法，观测侧柏树冠的疏密程度。

根据观察结果和树冠模式图及下列说明，确定种质树冠的疏密度。

1 稀（树姿开张，枝条稀疏）

2 中（树姿半开张，枝条中密）

3 密（树姿较直立，枝条较密）

5.5 干形

选取成龄树，采用目测的方法，观测侧柏植株的干形。

根据观察结果和参照干形模式图，确定种质的干形。

1 单干

2 双干

3 多干

5.6 主干通直度

根据观察结果和参照主干形态模式图，确定种质的主干形态。

1 通直

2 扭曲

5.7 主干色泽

选取成龄树，采用目测的方法，观测侧柏植株的主干色泽。

根据观察结果和参照与 The Royal Horticultural Society's Colour Chart 标准色卡上相应代码的颜色进行比对，按照最大相似原则，确定种质的主干色泽。

1 暗褐

2 灰褐

3 灰色

5.8 树皮开裂

在生长期和休眠期均可观察。以成年树为观察对象，采用目测法观察树体主干表皮干枯坏死组织的裂纹以及主干裂块剥落的难易程度等特征，判断皮裂的状况。

1 窄长条垂直纵裂（纵向裂纹浅而多，且多无横向裂纹切断，纵向裂纹开裂长度远大于宽度）

2 窄长条扭曲纵裂（纵向裂纹浅而多，呈扭曲状）

3 窄长条剥落（纵向裂纹呈窄长条状，且易剥落，无横向裂纹切断）

5.9 树皮厚度

选取 30 株成龄树，用游标卡尺测量树皮厚度，求其平均值。单位为 mm，精确到 0.1 mm。

5.10 古树树瘤

以侧柏古树树干为观测对象，采用目测法观察树干树瘤的有无。

    1 有

    2 无

5.11 枝条形状

选取成龄树，采用目测的方法，观测侧柏植株枝条的形状。

根据观察结果和参照枝条形状模式图，确定种质的枝条形状。

    1 扁

    2 圆

5.12 枝条疏密度

选取成龄树，采用目测的方法，观测侧柏植株枝条的疏密度。

根据观察结果和参照枝条疏密度模式图，确定种质的枝条疏密度。

    1 稀

    2 中

    3 密

5.13 小枝生长方向

选取成龄树，采用目测的方法，观测侧柏植株小枝的生长方向。

    1 直立

    2 半直立

    3 水平

    4 下垂

    5 扭曲

5.14 小枝节间长度

选取 30 株成龄树，用游标卡尺测量小枝节间长度，求其平均值。单位为 mm，精确到 0.1 mm。

5.15 叶形

以成龄树树冠外围正常枝条上的叶片为观测对象，采用目测法观察完整叶片的形状。

根据观察结果和参照叶形模式图，确定种质的叶形。

    1 鳞形叶

    2 刺形叶

5.16 小枝中间叶形状

以成龄树树冠外围正常枝条上的叶片为观测对象，采用目测法观察完整叶片的形状。

根据观察结果和参照叶形模式图，确定种质小枝中间叶的形状。

    1   楔状三角形

    2   倒卵状菱形

    3   斜方形

5.17　叶片背面腺点

以成龄树树冠外围正常枝条上的叶片为观测对象，采用目测法观察叶片背面腺点的有无。

    1   有

    2   无

5.18　腺点形状

以成龄树树冠外围正常枝条上有腺点的叶片为观测对象，采用目测法观察叶片背面腺点的形状。

根据观察结果和参照腺点形状模式图，确定种质叶片腺点的形状。

    1   纵脊状

    2   圆形

5.19　夏季叶色

以夏季成龄树树冠外围正常枝条上的叶片为观测对象，共观测 30 个叶片，在一致的光照条件下，采用目测法观察叶片的颜色。

根据观察结果，与 The Royal Horticultural Society's Colour Chart 标准色卡上相应代码的颜色进行比对，按照最大相似原则，确定种质的叶片颜色。

    1   绿色

    2   黄色

    3   黄绿色

    4   深绿色

5.20　冬季叶色

以冬季成龄树树冠外围正常枝条上的叶片为观测对象，共观测 30 个叶片，在一致的光照条件下，采用目测法观察叶片的颜色。

根据观察结果，与 The Royal Horticultural Society's Colour Chart 标准色卡上相应代码的颜色进行比对，按照最大相似原则，确定种质的叶片颜色。

    1   绿色

    2   深绿色

    3   黄色

    4   褐色

5.21 新叶颜色

以成龄树树冠外围新生叶片为观测对象，共观测 30 个叶片，在一致的光照条件下，采用目测法观察叶片的颜色。

根据观察结果，与 The Royal Horticultural Society's Colour Chart 标准色卡上相应代码的颜色进行比对，按照最大相似原则，确定种质的叶片颜色。

1 翠绿色
2 黄绿色
3 绿色

5.22 当年生枝彩斑

以成龄树树冠外围新生叶片为观测对象，采用目测法观察当年生枝彩斑的有无。

1 有
2 无

5.23 当年生枝彩斑着生特点

以存在彩斑的成龄树为观测对象，共观测 30 株侧柏，采用目测法观察侧柏彩斑的着生特点。

1 顶部着生
2 内侧着生
3 分散着生

5.24 叶片质地

以成龄树树冠外围正常枝条上的叶片为观测对象，采用触摸法测定叶片质地。

1 软
2 中
3 硬

5.25 叶粉

以成龄树树冠外围正常枝条上的叶片为观测对象，采用目测法观察叶片表面有无白粉覆盖。

1 有
2 无

5.26 性别

侧柏树的性别。

1 雄株型（雄花占 90% 以上）
2 雌株型（雌花占 90% 以上）

3 雌雄同株型（雌花和雄花各占 50%）

5.27 雄花数量

在盛花期，调查成龄树树冠外围 30 个结果新梢，统计每个结果新梢上的雄花数，求其平均值。单位为个，精确到 0.1 个。

5.28 雄花物候期

观察侧柏雄花的物候期。

    1 早（4 月上旬）

    2 中（4 月中旬）

    3 晚（4 月下旬）

5.29 花粉育性

于盛花期，选择刚绽开的花药，用镊子轻轻挑取花粉抖落在铺有硫酸纸的培养皿上，于室温 20℃ 下干燥器内贮藏备用。采集后 2 h 内采用离体萌发培养基在 25℃ 光照下培养 12 h，显微镜下观察萌发花粉。以花粉管长度大于或等于 1/2 花粉粒直径来确定花粉的萌发。

    1 败育（没有发芽的花粉）

    2 可育（有发芽的花粉）

5.30 花粉发芽率

于盛花期，选择刚绽开的花药，用镊子轻轻挑取花粉抖落在铺有硫酸纸的培养皿上，于室温 20℃ 下干燥器内贮藏备用。采集后 2 h 内采用离体萌发培养基在 25℃ 光照下培养 12 h，显微镜下观察和统计萌发花粉数目，计算花粉萌发率。以花粉管长度大于或等于 1/2 花粉粒直径来确定花粉的萌发，每个处理 3 次重复，每个重复观察 3 个视野。

根据花粉发芽率和参照下列标准，确定种质花粉发芽率的高低。

    1 低（花粉发芽率<50%）

    2 中（50%≤花粉发芽率<80%）

    3 高（花粉发芽率≥80%）

5.31 雌花数量

在盛花期，调查成龄树树冠外围的 30 个结果新梢，统计每个结果新梢上的雌花数，求其平均值。单位为个，精确到 0.1 个。

5.32 雌花物候期

观察侧柏雌花的物候期。

    1 早（4 月上旬）

    2 中（4 月中旬）

    3 晚（4 月下旬）

5.33 雌花胚珠数

选取成龄树，观察侧柏胚珠的数量。

1　3个
2　4个
3　5个
4　6个
5　7个
6　8个
7　9个
8　10个

5.34 雌花珠鳞数

选取成龄树，观察侧柏珠鳞的数量。

1　2对
2　3对
3　4对

5.35 是否雌雄异熟

调查成龄树树冠外围的30个结果新梢，统计每个结果新梢上的雌花、雄花是否异期发育成熟。

1　雌雄花同时成熟
2　雌花先成熟
3　雄花先成熟

5.36 结果枝粗度

在采果后至休眠期测定，于成龄树树冠外围，东、西、南、北各测量5个结果母枝的粗度，全树共测量30个。测量时用游标卡尺，以第1个叶痕以上的节间中部直径为准，并求其平均值。单位为cm，精确到0.1 cm。

5.37 连续结果能力

连续观察结果枝，看结果枝形成结果母枝的情况，若结果后还能形成结果母枝，即为连续结果。根据连续结果的年数及下列说明，确定种质的连续结果能力。

1　弱(连续结果2年)
2　中(连续结果3年)
3　强(连续结果超过3年)

5.38 坐果率

在开花期和球果坐果后至球果成熟前调查，选择成龄树，于树冠外围调查30个结果枝上的球果数和雌花总数，按下列公式计算坐果率。以%表示，精确到0.1%。

$$P(\%) = \frac{n}{N} \times 100$$

式中：P——坐果率

　　　n——球果数

　　　N——雌花总数

　　　1　高(>85%)

　　　2　中(30%~85%)

　　　3　低(<30%)

5.39　结实率

单株结果枝数占总枝数的百分比。

在球果坐果期调查，选择30株成龄树，于树冠外围调查结果枝数和总枝数，按下列公式计算坐果率。以百分号(%)表示，精确到0.1%。

$$P(\%) = \frac{n}{N} \times 100$$

式中：P——结实率

　　　n——结果枝数

　　　N——总枝数

　　　1　高(>85%)

　　　2　中(30%~85%)

　　　3　低(<30%)

5.40　实生早果性

取30粒侧柏种子将其播种于苗圃，成苗2~3年对实生苗进行雌花形成调查。

根据雌花形成情况及下列说明，确定种质的早实性。

　　　1　早(实生苗2~3年结果)

　　　2　晚(实生苗3年以上结果)

5.41　丰产性

随机选择3株生长正常的成龄树，用米尺测量每株树的东西和南北冠径(分别以 a、b 表示，单位为 m，精确到0.1 m)，单株采收，经干燥处理后，核果称重(以 W 表示，单位为 g，精确到0.1 g)，计算每平方米树冠投影面积的产核果量，单位为 g/m²，精确到0.1 g/m²。求平均值。

$$单位树冠投影面积的产量 = W/\{\pi \times [(a+b)/4]^2\}$$

根据每平方米树冠投影面积的产量及下列说明,确定种质的丰产性。

    1   低(每平方米树冠投影面积的核果重<50.0 g)

    2   中(50.0 g≤每平方米树冠投影面积的核果重<100.0 g)

    3   高(每平方米树冠投影面积的核果重≥100.0 g)

5.42　萌芽期

在春季萌芽前选择有代表性的成龄树为观测对象并挂牌,每天目测小枝顶端鳞片的开裂情况,以5%的芽尖露绿并显露出幼叶时,即为萌芽期。以"某月某日"表示。

5.43　雄花初开期

选择有代表性的成龄雄树,标定30个短枝并挂牌,每天观察记录短枝上的雄花序珠鳞刚刚开裂时,即为雄花初花期。以"某月某日"表示。

5.44　雄花盛开期

选择有代表性的成龄雄树,标定30个短枝并挂牌,每天观察记录短枝上的雄花序基部小花开始分离、萼片开裂,显出花粉。50%的雄花序萼片开裂、中部和下部开始散粉时,即为雄花盛开期。以"某月某日"表示。

5.45　雌花初开期

选择有代表性的成龄雌树,标定30个短枝并挂牌,每天观察并记录其上的情况,当苞片开裂、胚珠刚刚开始初现时,即雌花盛开期。以"某月某日"表示。

5.46　雌花盛开期

选择有代表性的成龄雌树,标定30个短枝并挂牌,每天观察并记录其上的情况,当50%的胚珠珠孔出现分泌滴时,即雌花盛开期。以"某月某日"表示。

5.47　球果成熟期

植株上有30%的球果颜色变褐,种子发育达到固有的形状、质地,营养物质含量达到采收成熟度时,即为球果成熟期。以"某月某日"表示。

5.48　球果发育期

从盛花期开始,到球果成熟期,计算球果发育所经历的天数。单位为天。

5.49　球果脱落期

侧柏球果变褐、开裂、脱落的日期,为落叶期。以"某月某日"表示。

5.50　球果形状

选择成龄树树冠外围生长正常的成熟未开裂的球果,用目测法观察球果形状。

根据观察球果和参照球果形状模式图,确定种质球果的形状。

1 圆球形

2 纺锤形

3 卵圆形

5.51 球果基部形状

球果基部的形状。

1 平广

2 凸起

3 凹入

5.52 球果开裂程度

选择成龄树树冠外围生长正常的成熟后期的球果，用目测法观察球果的开裂程度。

根据观察球果和参照球果开裂程度的模式图，确定种质球果的开裂程度。

1 微裂小

2 半开裂

3 完全开裂

5.53 种鳞形状

选择成龄树树冠外围生长正常并完全成熟的球果，用目测法观察球果种鳞的形状。

根据观察球果和参照种鳞形状模式图，确定种质球果种鳞的形状。

1 卷曲

2 直立

3 平广

5.54 种鳞数目

选择成龄树树冠外围生长正常并完全成熟的球果，用目测法观察球果种鳞的数目。

根据观察球果和参照种鳞数目模式图，确定种质球果种鳞的数目。

1 2对

2 3对

3 4对

5.55 单个球果内种子数

随机取100个成龄树树冠外围生长正常并完全成熟的球果，观察记录球果内种子数。

根据观察记录球果内种子数，确定种质单个球果的种子数。

1 3个

　　2　4 个

　　3　5 个

　　4　6 个

　　5　7 个

　　6　8 个

　　7　9 个

　　8　10 个

5.56　成熟前球果颜色

选择成龄树树冠外围生长正常的成熟前的球果，用目测法观察果皮的颜色。

根据观察结果，与 The Royal Horticultural Society's Colour Chart 标准色卡上相应代码的颜色进行比对，按照最大相似原则，确定果皮色泽。

　　1　绿色

　　2　蓝绿色

5.57　成熟后球果颜色

选择成龄树树冠外围生长正常的完全成熟后的球果，用目测法观察果皮颜色。

根据观察结果，与 The Royal Horticultural Society's Colour Chart 标准色卡上相应代码的颜色进行比对，按照最大相似原则，确定果皮的色泽。

　　1　棕色

　　2　赤褐色

　　3　褐色

　　4　暗褐

5.58　成熟球果脱落时期

球果成熟后脱离树体的时期。

　　1　早(9 月下旬)

　　2　中(10 月上旬)

　　3　晚(10 月下旬)

5.59　果粉

选择成龄树树冠外围生长正常的球果，用目测法观察果面果粉密度。

根据观察结果和参照果粉密度模式图，确定种质的果粉密度。

　　1　薄

　　2　中

　　3　厚

5.60 球果长

以成龄树树冠外围正常生长的球果为观测对象，共观测 30 个球果，用游标卡尺测量球果的长度，测量时从基部量至顶端，并求其平均值。单位为cm，精确到 0.1 cm。

5.61 球果宽

以成龄树树冠外围正常生长的球果为观测对象，共观测 30 个球果，用游标卡尺测量球果最宽处横径长度，并求其平均值。单位为 cm，精确到0.1 cm。

5.62 球果厚

以成龄树树冠外围正常生长的球果为观测对象，共观测 30 个球果，用游标卡尺测量球果的厚度，并求其平均值。单位为 cm，精确到 0.1 cm。

5.63 单果重

以成龄树树冠外围正常生长的球果为观测对象，共观测 30 个球果，用天平称球果的重量，并求其平均值。单位为 g，精确到 0.1 g。

5.64 单株球果产量

以 20 年生实生侧柏的球果为观测对象，共观测 30 株单株，测定单株球果的产量，单位为 g。

5.65 球果成熟时期

以成龄树树冠外围正常生长的球果为观测对象，共观测 30 株单株，记录侧柏球果完全成熟的日期。

  1 早（9 月上旬）

  2 中（9 月中下旬）

  3 晚（10 月上中旬）

5.66 球果成熟后脱落特性

以成龄树树冠外围正常生长的球果为观测对象，共观测 30 株单株，记录侧柏球果完全成熟时的脱落特性。

  1 立即脱落

  2 逐渐脱落

  3 长期不脱落

5.67 球果的分布位置

以成龄树正常生长的球果为观测对象，共观测 30 株单株，记录侧柏球果在树体上的分布位置。

  1 上部

  2 中上部

  3 上中下部

5.68 球果与树体的连接程度

  以成龄树正常生长且完全成熟的球果为观测对象，共观测 30 株单株，记录侧柏球果与树体的连接程度。

    1 易分离

    2 较易分离

    3 不易分离

5.69 种子形状

  选择成龄树树冠外围生长正常的球果内的种子，用目测法观察种子的形状。

  根据观察结果和参照种子形状模式图，确定种质种子的形状。

    1 卵圆形

    2 椭圆形

    3 长卵圆形

    4 阔卵圆形

    5 纺锤形

    6 长圆形

5.70 种子长

  随机取 30 粒经干燥处理的种子，用游标卡尺测量种子从基部量至顶端的长度。单位为 mm，精确到 0.1 mm。

5.71 种子宽

  随机取 30 粒经干燥处理的种子，用游标卡尺测量种子最宽处横径长度。单位为 mm，精确到 0.1 mm。

5.72 种子厚

  随机取 30 粒经干燥处理的种子，用游标卡尺测量种子的厚度。单位为 mm，精确到 0.1 mm。

5.73 种子重

  随机取 30 粒种子，用天平称种子的重量，并求其平均值。单位为 g，精确到 0.01 g。

5.74 种子光洁度

  随机取 30 粒种子，用目测法观察种子外壳的光滑、整洁情况。

  根据观察结果，参照下列说明，确定种质的种子光洁度。

    1 光洁美观(种子表面光滑、美观，无麻点)

    2 较光洁(种子表面较光滑、美观，略麻点)

3 粗糙(种子表面粗糙、不美观，麻点较多)

5.75 种子颜色

随机取 30 粒种子，用目测法观察种子的颜色。

根据观察结果，与 The Royal Horticultural Society's Colour Chart 标准色卡上相应代码的颜色进行比对，按照最大相似原则，确定种质种子的颜色。

1 黑色

2 褐色

5.76 种子顶端形状

随机取 30 粒种子，用目测法观察种子顶端的形状。

根据观察结果及种子顶端模式图，确定种质的种子顶端形状。

1 圆钝

2 平广

3 微尖

4 尖

5.77 种子基部形状

随机取 30 粒种子，用目测法观察种子基部的形状。

根据观察结果及种子基部模式图，确定种质的种子基部形状。

1 平广

2 窄狭

5.78 种子棱脊

随机取 30 粒种子，用目测法观察种子的棱脊。

根据观察结果及种子棱脊模式图，确定种质的种子棱脊。

1 无棱脊

2 少有棱脊

3 棱脊明显

5.79 种子是否有翅

随机取 30 粒种子，用目测法观察种子的翅。

根据观察结果及种子翅模式图，确定种质的种子是否有翅。

1 无翅

2 有极窄之翅

5.80 优良种子

球果内饱满种粒数占总种子总数的百分比。

随机取 30 粒种子，用目测法观察种子是否饱满。记录优良种子数和种子总数，按下列公式计算优良种子。以百分数(%)表示，精确到 0.1%。

$$P(\%) = \frac{n}{N} \times 100$$

式中：P——优良种子

　　　n——优良种子数

　　　N——种子总数

    1　低($<30\%$)

    2　中($30\% \sim 85\%$)

    3　高($>85\%$)

5.81　种子千粒重

以成龄实生侧柏为观测对象，用天平称每个单株千粒种子的重量，共观测 30 株单株。单位为 g，精确到 0.1 g。

5.82　种子脱落特性

以成龄树树冠外围正常生长球果内的种子为观测对象，共观测 30 株单株，记录侧柏种子完全成熟时的脱落特性。

    1　一次性脱落(成熟后马上脱落)

    2　二次脱落(成熟后 9 月初脱落一次)

    3　多次脱落(成熟后逐渐)

5.83　种子和球果脱落方式

以成龄树树冠外围正常生长的球果为观测对象，共观测 30 株单株，记录侧柏的种子和在完全成熟时的脱落特性。

    1　球果脱落

    2　种子脱落

    3　球果种子脱落

6　品质特性

6.1　种子颜色均匀度

随机取 30 个种子，用目测法观察种子颜色的均匀程度，根据观察结果和下列说明，确定种质种子颜色的均匀度。

    1　差(种子颜色彼此相差悬殊，很不一致)

    2　中(介于好与差之间)

    3　好(种子颜色相差不多，均匀一致)

6.2　种子均匀度

随机取 30 个种子，用天平称取每个种子的重量，根据称量结果及下列说明，确定种质的种子均匀度。

    1 差(种子大小差别明显，重量相差悬殊，很不一致)

    2 中(介于好与差之间)

    3 好(种子大小基本一致，重量相差不多，均匀一致)

6.3 叶子挥发油含量

随机取若干侧柏叶片，用水蒸气蒸馏提取法测定叶挥发油含量。以百分数(%)表示，精确至0.1%。

6.4 侧柏酸含量

随机取若干侧柏叶片，用紫外分光光度法测定侧柏酸含量。以百分数(%)表示，精确至0.1%。

6.5 种子淀粉含量

随机取30个种核，剥除核壳，剥出种仁。参照GB/T 5009.9-2003规定的测定方法测量种子淀粉含量。以百分数(%)表示，精确至0.1%。

6.6 种子脂肪含量

随机取30个种子，剥除核壳，剥出种仁。参照GB/T 5512-1985规定的测定方法测量种子脂肪含量。以百分数(%)表示，精确至0.1%。

6.7 种子蛋白质含量

参照GB/T 8856-1988规定的测定方法测量种子蛋白质含量。以百分数(%)表示，精确至0.1%。

6.8 侧柏木横纹抗压强度

按照GB 1935-1991规定的方法在MW-4型万能木材力学试验机上测定。单位为MPa，精确到0.1 MPa。

根据测定结果及下列标准，确定侧柏木材横纹抗压强度的大小。

    1 强(横纹抗压强度≥10 MPa)

    2 中(6 MPa≤横纹抗压强度<10 MPa)

    3 差(横纹抗压强度<6 MPa)

6.9 侧柏木材顺纹抗压强度

按照GB 1935-1991规定的方法在MW-4型万能木材力学试验机上测定。单位为MPa，精确到0.1 MPa。

根据测定结果及下列标准，确定侧柏木材顺纹抗压强度的大小。

    1 强(顺纹抗压强度≥40 MPa)

    2 中(30 MPa≤顺纹抗压强度<40 MPa)

    3 差(顺纹抗压强度<30 MPa)

6.10 侧柏木材体积全干缩率

沿树干方向自嫁接口以上0.5 m处开始，每隔1 m取一木段，一般取3~

4 个木段。沿平行于树干尖削度的方向锯出数根试条，试条厚度不小于 35 mm。在室内堆放成通风较好的木垛，进行大气干燥，达到平衡含水率后，按照国家标准 GB 1927-1943-91《木材物理力学性质试验方法》测定并计算侧柏木材的体积全干缩率。

根据测定结果及下列说明，确定侧柏木材的体积全干缩率。

  1 大(体积全干缩率>0.10)

  2 中(0.05≤体积全干缩率<0.10)

  3 小(体积全干缩率<0.05)

6.11　侧柏木材纤维素含量

在 pH 为 4~5 时，用亚硫酸钠处理已抽出树脂的试样，以除去所含木素，定量地测定残留物量，即为纤维素含量。单位为%，精确到 0.1%。

7　抗逆性

7.1　抗旱性

抗旱性鉴定采用断水法(参考方法)。

取 30 株一年生实生苗，无性系种质间的抗旱性比较试验要用同一类型砧木的嫁接苗。将小苗栽植于容器中，同时耐旱性强、中、弱各设对照。待幼苗长至 30 cm 左右时，人为断水，待耐旱性强的对照品种出现中午萎蔫、早晚舒展时，恢复正常管理。并对试材进行受害程度调查，确定每株试材的受害级别，根据受害级别计算受害指数，再根据受害指数的大小评价侧柏种质的抗旱能力。根据旱害症状将旱害级别分为 6 级。

  级别   旱害症状

  0 级   无旱害症状

  1 级   叶片萎蔫<25%

  2 级   25%≤叶片萎蔫<50%

  3 级   50%≤叶片萎蔫<75%

  4 级   叶片萎蔫≥75%，部分叶片脱落

  5 级   植株叶片全部脱落

根据旱害级别计算旱害指数，计算公式为：

$$DI = \frac{\sum (x \cdot n)}{X \cdot N} \times 100$$

式中：DI——旱害指数

   x——旱害级数

n——受害株数

X——最高旱害级数

N——受旱害的总株数

根据旱害指数及下列标准确定种质的抗旱能力。

1 强(旱害指数<35.0)

2 中(35.0≤旱害指数<65.0)

3 弱(旱害指数≥65.0)

7.2 耐涝性

耐涝性鉴定采用水淹法(参考方法)。

春季将层积好的供试种子播种在容器内,每份种质播种30粒,播种后进行正常管理;测定无性系种质的耐涝性,要采用同一类型砧木的嫁接苗。耐涝性强、中、弱的种质各设对照。待幼苗长至30 cm左右时,往水泥池内灌水,使试材始终保持水淹状态。待耐涝性中等的对照品种出现涝害时,恢复正常管理。对试材进行受害程度调查,分别记录某种质每株试材的受害级别,根据受害级别计算受害指数,再根据受害指数大小评价各种质的耐涝能力。根据涝害症状将涝害分为6级。

级别	涝害症状
0级	无涝害症状,与对照无明显差异
1级	叶片受害<25%,少数叶片的叶缘出现棕色
2级	25%≤叶片受害<50%,多数叶片的叶缘出现棕色
3级	50%≤叶片受害<75%,叶片出现萎蔫或枯死<30%
4级	叶片受害≥75%,30%≤枯死叶片<50%
5级	全部叶片受害,枯死叶片≥50%

根据涝害级别计算涝害指数,计算公式为:

$$DI = \frac{\sum (x \cdot n)}{X \cdot N} \times 100$$

式中:*WI*——涝害指数

x——涝害级数

n——各级涝害株数

X——最高涝害级数

N——总株数

根据涝害指数及下列标准,确定种质的耐涝程度。

1 强(涝害指数<35.0)

2 中(35.0≤涝害指数<65.0)

3　弱(涝害指数≥65.0)

7.3　抗寒性

抗寒性鉴定采用人工冷冻法(参考方法)。

在深休眠的1月份,从某种质成龄结果树上剪取中庸的结果母枝30条,剪口蜡封后置于-25℃冰箱中处理24 h,然后取出,将枝条横切,对切口进行受害程度调查,记录枝条的受害级别。根据受害级别计算某种质的受害指数,再根据受害指数大小评价某种质的抗寒能力。抗寒级别根据寒害症状分为6级。

级别	寒害症状
0级	无冻害症状,与对照无明显差异
1级	枝条木质部变褐部分<30%
2级	30%≤枝条木质部变褐部分<50%
3级	50%≤枝条木质部变褐部分<70%
4级	70%≤枝条木质部变褐部分<90%
5级	枝条基本全部冻死

根据寒害级别计算冻害指数,计算公式为:

$$DI = \frac{\sum (x \cdot n)}{X \cdot N} \times 100$$

式中: CI——冻害指数

x——受冻级数

n——各级受冻枝数

X——最高级数

N——总枝条数

根据冻害指数及下列标准确定某种质的抗寒能力。

1　强(寒害指数<35.0)

2　中(35.0≤寒害指数<65.0)

3　弱(寒害指数≥65.0)

7.4　抗晚霜能力

抗晚霜能力鉴定采用人工制冷法(参考方法)。

春季芽萌出后,从成龄结果树上剪取中庸的结果母枝30条,剪口蜡封后置于-5~-2℃冰箱中处理6 h,取出放入10~20℃室内保湿,24 h后调查其受害程度,调查每份种质的每个枝条上萌动花芽或新梢的受害级别,根据受害级别计算各种质的受害指数,再根据受害指数的大小评价各种质的抗晚霜能力。抗晚霜能力的级别根据花芽受冻症状分为6级。

级别	受害症状
0 级	无受害症状，与对照对比无明显差异
1 级	花芽或新梢颜色变褐部分<30%
2 级	30%≤花芽或新梢颜色变褐部分<50%
3 级	50%≤花芽或新梢颜色变为深褐部分<70%
4 级	70%≤花芽或新梢颜色变为深褐色部分<90%
5 级	花芽或新梢全部受冻害，枝条枯死

根据母枝受冻症状级别计算受冻指数，计算公式为：

$$DI = \frac{\sum(x \cdot n)}{X \cdot N} \times 100$$

式中：CI——受冻指数

x——受冻级数

n——各级受冻枝数

X——最高受冻级数

N——总枝条数

种质抗晚霜能力根据受冻指数及下列标准确定。

1　强(受冻指数<35.0)

2　中(35.0≤受冻指数<65.0)

3　弱(受冻指数≥65.0)

8　抗病虫性

8.1　毒蛾抗性

侧柏毒蛾又名柏毒蛾，鳞翅目毒蛾科。北京、河南、山东、安徽、江苏、广西、四川、青海等地均有侧柏毒蛾发生。该虫危害侧柏和干头柏、桧柏等，是侧柏树的一种主要食叶害虫。初孵幼虫咬食鳞叶尖端和边缘成缺刻，3龄后取食全叶，受害严重的植株，树冠枯黄。

抗虫性鉴定采用田间调查法(参考方法)。

每份种质随机取样3~5株，记载每株树的发病情况，并记载有病斑的个数、群体类型、立地条件、栽培管理水平和病害发生情况等。根据症状病情分为6级。

级别	病情
0 级	无病症
1 级	叶片为浅绿色至微黄绿色或浓绿至深绿色

2 级　　叶背面聚集少量虫子吸食嫩叶汁液

3 级　　叶片出现小面积失绿

4 级　　叶片大面积失绿，叶背面聚集大量虫子

5 级　　叶片干枯并脱落

调查后按下列公式计算染病率：

$$DP = \frac{n}{N} \times 100$$

式中：DP——染病率

n——染病叶片数

N——调查总叶片数

根据病害级别和染病率，按下列公式计算病情指数：

$$DI = \frac{\sum (x \cdot n)}{X \cdot N} \times 100$$

式中：DI——病害指数

x——该级病害代表值

n——染病叶片数

X——最高病害级的代表值

N——调查的总叶片数

根据病情指数及下列标准确定某种质的抗病性。

1　高抗（HR）（病情指数<5）

2　抗（R）（5≤病情指数<10）

3　中抗（MR）（10≤病情指数<20）

4　感（S）（20≤病情指数<40）

5　高感（HS）（40≤病情指数）

8.2　柏双条杉天牛抗性

柏双条杉天牛属鞘翅目天牛科。华北、华中、华东、华南、西南等地均有柏双条杉天牛发生。主要危害侧柏、桧柏、龙柏等树木，严重时，常造成整枝、整株树木枯死。该虫为弱寄生性害虫，主要危害衰弱树木。

抗虫性鉴定采用田间调查法（参考方法）。

每份种质随机取样 3~5 株，记载每株树的发病情况，并记载有病斑的个数、群体类型、立地条件、栽培管理水平和病害发生情况等。根据症状病情分为 6 级。

级别　　　　病情

0 级　　无病症

1 级　　　　叶片为浅绿色至微黄绿色或浓绿至深绿色

2 级　　　　叶背面聚集少量虫子吸食嫩叶汁液

3 级　　　　叶片出现小面积失绿

4 级　　　　叶片大面积失绿,叶背面聚集大量虫子

5 级　　　　叶片干枯并脱落

调查后按下列公式计算染病率:

$$DP(\%) = \frac{n}{N} \times 100$$

式中:DP——染病率

　　　n——染病叶片数

　　　N——调查总叶片数

根据病害级别和染病率,按下列公式计算病情指数:

$$DI = \frac{\sum(x \cdot n)}{X \cdot N} \times 100$$

式中:DI——病害指数

　　　x——该级病害代表值

　　　n——染病叶片数

　　　X——最高病害级的代表值

　　　N——调查的总叶片数

根据病情指数及下列标准确定某种质的抗病性。

1　高抗(HR)(病情指数<5)

2　抗(R)(5≤病情指数<10)

3　中抗(MR)(10≤病情指数<20)

4　感(S)(20≤病情指数<40)

5　高感(HS)(40≤病情指数)

8.3　侧柏立枯病抗性

立枯病又名猝倒病,为苗期主要病害,症状有 4 种类型:即种腐型、梢腐型、猝倒型和立枯型,以猝倒型最为严重,如不及时防治,常造成育苗失败。致病的病原菌有丝核菌、镰刀菌和腐霉菌,丝核菌中危害幼苗的主要为立枯丝核菌;镰刀菌中危害幼苗的为尖镰孢菌、腐皮镰孢菌等。

抗病性鉴定采用田间调查法(参考方法)。

每种质随机取样 3~5 株,记载每株的发病情况、群体类型、立地条件、栽培管理水平和病害发生情况。根据症状病情分为 6 级。

级别	病情
0 级	无病症
1 级	枝条上有少量变色的病斑
2 级	枝条上病斑增多，粗糙的树皮上病斑边缘不明显
3 级	病斑继续扩展，并逐渐肿大，树皮纵向开裂
4 级	病斑包围枝干
5 级	整个枝条或全株死亡

同时按下列公式计算染病率：

$$DP(\%) = \frac{n}{N} \times 100$$

式中：DP——染病率

  n——染病枝条数

  N——调查的总枝条数

根据病害级别和染病率，按下列公式计算病情指数：

$$DI = \frac{\sum(x \cdot n)}{X \cdot N} \times 100$$

式中：DI——病害指数

  x——该级病害代表值

  n——染病枝条数

  X——最高病害级的代表值

  N——调查的总枝条数

根据病情指数及下列标准确定某种质的抗病性。

 1 高抗（HR）（病情指数<5）

 2 抗（R）（5≤病情指数<10）

 3 中抗（MR）（10≤病情指数<20）

 4 感（S）（20≤病情指数<40）

 5 高感（HS）（40≤病情指数）

9 其他特征特性

9.1 指纹图谱与分子标记

对重要的侧柏种质进行分子标记分析并构建指纹图谱分析，记录分子标记分析及构建指纹图谱的方法（RAPD、ISSR、SCAR、SSR、AFLP 等），并注明所用引物、特征带的分子大小或序列，以及标记的性状和连锁距离等分析数据。

9.2 备注

侧柏种质特殊描述符或特殊代码的具体说明。

六 侧柏种质资源数据采集表

1 基本信息			
资源流水号(1)		资源编号(2)	
种质名称(3)		种质外文名(4)	
科中文名(5)		科拉丁名(6)	
属中文名(7)		属拉丁名(8)	
种中文名(9)		种拉丁名(10)	
原产地(11)		原产省(自治区、直辖市)(12)	
原产国家(13)		来源地(14)	
归类编码(15)			
资源类型(16)	1:野生资源(群体、种源) 2:野生资源(家系) 3:野生资源(个体、基因型) 4:地方品种 5:选育品种 6:遗传材料 7:其他		
主要特性(17)	1:高产 2:优质 3:抗病 4:抗虫 5:抗逆 6:高效 7:其他		
主要用途(18)	1:材用 2:药用 3:防护 4:观赏 5:其他		
气候带(19)	1:热带 2:亚热带 3:温带 4:寒温带 5:寒带		
生长习性(20)	1:喜光 2:耐盐碱 3:喜水肥 4:耐干旱		
开花结实特性(21)		特征特性(22)	
具体用途(23)		观测地点(24)	
繁殖方式(25)	1:有性繁殖(种子繁殖) 2:无性繁殖(扦插繁殖) 3:无性繁殖(嫁接繁殖)		
选育(采育)单位(26)		育成年份(27)	
海拔(28)	m	经度(29)	
纬度(30)		土壤类型(31)	
生态环境(32)		年均温度(33)	℃
年均降水量(34)	mm	图像(35)	

(续)

记录地址(36)		保存单位(37)	
单位编号(38)		库编号(39)	
引种号(40)		采集号(41)	
保存时间(42)	YYYYMMDD		
保存材料类型(43)	1:植株 2:种子 3:营养器官(穗条、根穗等) 4:花粉 5:培养物(组培材料) 6:其他		
保存方式(44)	1:原地保存 2:异地保存 3:设施(低温库)保存		
实物状态(45)	1:良好 2:中等 3:较差 4:缺失		
共享方式(46)	1:公益性 2:公益借用 3:合作研究 4:知识产权交易 5:资源纯交易 6:资源租赁 7:资源交换 8:收藏地共享 9:行政许可 10:不共享		
获取途径(47)	1:邮递 2:现场获取 3:网上订购 4:其他		
联系方式(48)		源数据主键(49)	
关联项目及编号(50)			

2 形态特征和生物学特性

树体高矮(51)	1:矮小 2:中等 3:高大	树姿(52)	1:直立 2:开张 3:下垂
树形(53)	1:圆柱形 2:笔形 3:塔形 4:圆锥形 5:卵形 6:圆头形		
树冠疏密度(54)	1:稀 2:中 3:密	干形(55)	1:单干 2:双干 3:多干
主干通直度(56)	1:通直 2:扭曲	主干色泽(57)	1:暗褐 2:灰褐 3:灰色
树皮开裂(58)	1:窄长条垂直纵裂 2:窄长条扭曲纵裂 3:窄长条剥落		
树皮厚度(59)	mm	古树树瘤(60)	1:有 2:无
枝条形状(61)	1:扁 2:圆	枝条疏密度(62)	1:稀 2:中 3:密
小枝生长方向(63)	1:直立 2:半直立 3:水平 4:下垂 5:扭曲		
小枝节间长度(64)	1:长 2:中 3:短	叶形(65)	1:鳞形叶 2:刺叶
小枝中间叶形状(66)	1:楔状三角形 2:倒卵状菱形 3:斜方形		
叶片背面腺点(67)	1:有 2:无	腺点形状(68)	1:纵脊状 2:圆形
夏季叶色(69)	1:绿色 2:黄色 3:黄绿色 4:深绿色	冬季叶色(70)	1:绿色 2:深绿色 3:黄色 4:褐色
新叶颜色(71)	1:翠绿色 2:黄绿色 3:绿色	当年生枝彩斑(72)	1:有 2:无
当年生枝彩斑着生特点(73)	1:顶部着生 2:内侧着生 3:分散着生		
叶片质地(74)	1:软 2:中 3:硬	叶粉(75)	1:有 2:无
性别(76)	1:雌株型 2:雄株型 3:雌雄同株	雄花数量(77)	个

(续)

雄花物候期(78)	1:早 2:中 3:晚	花粉育性(79)	1:败育 2:可育
花粉发芽率(80)	%	雌花数量(81)	个
雌花物候期(82)	1:早 2:中 3:晚		
雌花胚珠数(83)	1:3个 2:4个 3:5个 4:6个 5:7个 6:8个 7:9个 8:10个		
雌花珠鳞数(84)	1:2对 2:3对 3:4对		
是否雌雄异熟(85)	1:雌雄花同时成熟 2:雌花先成熟 3:雄花先成熟		
结果枝粗度(86)	cm	连续结果能力(87)	1:弱 2:中 3:强
坐果率(88)	%	结实率(89)	%
实生早果性(90)	1:早 2:晚	丰产性(91)	1:低 2:中 3:高
萌芽期(92)	月 日	雄花初开期(93)	月 日
雄花盛开期(94)	月 日	雌花初开期(95)	月 日
雌花盛开期(96)	月 日	球果成熟期(97)	月 日
球果发育期(98)	天	球果脱落期(99)	月 日
球果形状(100)	1:圆球形 2:纺锤形 3:卵圆形		
果实基部形状(101)	1:平广 2:凸起 3:凹入	球果开裂程度(102)	1:小 2:中 3:大
种鳞形状(103)	1:卷曲 2:直立 3:平广	种鳞个数(104)	1:2对 2:3对 3:4对
球果内种子数(105)	1:3个 2:4个 3:5个 4:6个 5:7个 6:8个 7:9个 8:10个		
成熟前球果颜色(106)	1:绿色 2:蓝绿色		
成熟时球果颜色(107)	1:棕色 2:赤褐色 3:褐色 4:暗褐		
成熟球果脱落时期(108)	1:早 2:中 3:晚	果粉(109)	1:薄 2:中 3:厚
球果长(110)	cm	球果宽(111)	cm
球果厚(112)	cm	单果重(113)	g
单株球果重量(114)	g	球果成熟时期(115)	1:早 2:中 3:晚
球果成熟后脱落特性(116)	1:立即脱落 2:逐渐脱落 3:长期不脱落		
球果分布位置(117)	1:上部 2:中上部 3:上中下部		
球果与树体连接程度(118)	1:易分离 2:较易分离 3:不易分离		
种子形状(119)	1:卵圆形 2:椭圆形 3:长卵圆形 4:阔卵圆形 5:纺锤形 6:长圆形		
种子长(120)	mm	种子宽(121)	mm
种子厚(122)	mm	种子重(123)	g

(续)

种子光洁度(124)	1:光洁美观 2:较光洁 3:粗糙		
种子颜色(125)	1:黑色 2:褐色		
种子顶端形状(126)	1:圆钝 2:平广 3:微尖 4:尖		
种子基部形状(127)	1:平广 2:窄狭		
种子棱脊(128)	1:无棱脊 2:少有棱脊 3:棱脊明显		
种子是否有翅(129)	1:无翅 2:有极窄之翅	优良种子(130)	%
种子千粒重(131)	g		
种子脱落特性(132)	1:一次性脱落 2:两次脱落 3:多次脱落		
种子和球果脱落方式(133)	1:球果脱落 2:种子脱落 3:球果种子同时脱落		
3 品质特性			
种子颜色均匀度(134)	1:差 2:中 3:好	种子均匀度(135)	1:差 2:中 3:好
叶子挥发油含量(136)	%	侧柏酸含量(137)	mg/L
种子淀粉含量(138)	%	种子脂肪含量(139)	%
种子蛋白质含量(140)	%		
侧柏木材横纹弦向抗压强(141)	1:强 2:中 3:差		
侧柏木材顺纹抗压强度(142)	1:强 2:中 3:差		
侧柏木材体积全干缩率(143)	1:大 2:中 3:小		
侧柏木材纤维素含量(144)	%		
4 抗逆性			
抗旱性(145)	1:强 2:中 3:弱		
耐涝性(146)	1:强 2:中 3:弱		
抗寒性(147)	1:强 2:中 3:弱		
抗晚霜能力(148)	1:强 2:中 3:弱		
5 抗病虫性			
毒蛾抗性(149)	1:高抗 3:抗 5:中抗 7:感 9:高感		
柏双条杉天牛抗性(150)	1:高抗 3:抗 5:中抗 7:感 9:高感		
侧柏立枯病抗性(151)	1:高抗 3:抗 5:中抗 7:感 9:高感		
6 其他特征特性			
指纹图谱与分子标记(152)			
备注(153)			

填表人：　　　　　　审核：　　　　　　日期：

七 侧柏种质资源调查登记表

调查人			调查时间		
采集资源类型	□野生资源(群体、种源) □野生资源(家系) □野生资源(个体、基因型) □地方品种 □选育品种 □遗传材料 □其他				
采集号			照片号		
地点					
北纬	° ′ ″		东经	° ′ ″	
海拔	m		坡度	°	坡向
土壤类型					
树姿	□直立 □开张 □下垂				
树形	□圆柱形 □笔形 □塔形 □圆锥形 □卵形 □圆头形				
生长势	□弱 □中 □强				
主干色泽	□暗褐 □灰褐 □灰色				
干形	□单干 □双干 □多干				
叶色	□绿色 □黄色 □黄绿色 □深绿色				
叶形	□鳞形叶 □刺叶				
叶片背面腺点	□有 □无				
小枝疏密度	□稀 □中 □密				
树龄	年	树高	m	胸径/基径	cm
冠幅(东西×南北)	m				
其他描述					
权属			管理单位/个人		

侧柏种质资源利用情况登记表

种质名称					
提供单位		提供日期		提供数量	
提供种质 类　　型	地方品种□　育成品种□　高代品系□　国外引进品种□　野生种□ 近缘植物□　遗传材料□　突变体□　其他□				
提供种质 形　　态	植株(苗)□　果实□　籽粒□　根□　茎(插条)□　叶□　芽□　花(粉)□ 组织□　细胞□　DNA□　其他□				
统一编号			国家种质资源圃编号		
国家中期库编号			省级中期库编号		

提供种质的优异性状及利用价值：

利用单位		利用时间	
利用目的			

利用途径：

取得实际利用效果：

种质利用单位盖章　　　　　　　　种质利用者签名：

年　　　月　　　日

参考文献

北京林学院, 1980. 树木学[M]. 北京：中国林业出版社.

曹雨诞, 曹祥丽, 单鸣秋, 等, 2008. 侧柏叶的研究进展[J]. 江苏中医药, 40(2)：86-88.

陈晓阳, 陈振丙, 卢云凤, 1992. 侧柏种苗性状在群体各层次上的变异[J]. 林业科技通讯 (6)：16-17.

戴雨生, 王学道, 林其瑞, 1992. 侧柏叶枯病病原菌研究[J]. 南京林业大学学报, 16(1)：59-65.

董铁民, 张雪敏, 赵一鹏, 1988. 侧柏变异类型的研究[J]. 河南林业科技 (3)：26-28.

韩学俭, 2008. 侧柏常见病虫害及防治[J]. 植物医生, 21(5)：28-30.

林清香, 2008. 侧柏主要病虫害的发生与防治[J]. 现代农业科技, 33(8)：179-182.

马红, 2008. 侧柏球果及种子产量调查与评价[J]. 种子, 27(1)：58-59.

马颖敏, 邢世岩, 王玉山, 等, 2009. 中国侧柏地理种源核型分析与进化趋势[J]. 分子植物育种, 7(6)：1186-1192.

唐海霞, 邢世岩, 马颖敏, 等, 2010. 侧柏种源开花生物学特性研究[J]. 西北林学院学报, 25(3)：75-79.

王玉山, 邢世岩, 唐海霞, 等, 2011. 侧柏种源遗传多样性分析[J]. 林业科学, 47(7)：91-96.

邢世岩, 周蔚, 马颖敏, 等, 2009. 侧柏林天然更新及苗期生长特性[J]. 林业科技开发, 23(1)：52-54.

邢世岩, 王玉山, 李际红, 等, 2014. 山东省侧柏种质资源评价及遗传改良[J]. 山东林业科学(5)：106-110.

张志翔, 2008. 树木学：北方本[M]. 北京：中国林业出版社.